Heinrich Ippen

W0286878

Neufundländer

Der Neufundländer und Landseer-Neufundländer

Praktische Ratschläge
für Haltung, Pflege und Erziehung

7., überarbeitete Auflage
Mit 43 Abbildungen, davon 20 farbig

Verlag Paul Parey · Hamburg

Weitere Bände in der Reihe „Dein Hund“

Der Afghane und andere orientalische Windhunde • Airedaleterrier • Der Basset • Der Beagle • Bearded Collie • Berner Sennenhunde • Bernhardiner • Der Bobtail • Bouvier des Flandres • Der Boxer • Der Bullterrier • Der Cairn Terrier • Cavalier-King-Charles-Spaniel • Der Chihuahua • Der Chow-Chow • Collie und Sheltie • Der Dackel • Der Dalmatiner • Der Deutsche Schäferhund • Der Dobermann • Die Dogge • Foxterrier • Golden und Labrador Retriever • Greyhound und andere Windhundrassen • Große Münsterländer • Der Hovawart • Jack-Russell-Terrier • Der Kromfohrländer • Der Leonberger • Der Malteser • Mischlingshunde • Der Mops • Der Pekingese • Pinscher und Schnauzer • Der Pudel • Der Riesenschnauzer • Der Rottweiler • Schlittenhunde • Setter und Pointer • Der Shih-Tzu • Der Spaniel • Der Spitz • Terrier • Ungarische Hirtenhunde • West Highland White Terrier • Der Yorkshire Terrier • Dienst- und Gebrauchshunde • Erziehung und Ausbildung des Hundes • Dein Hund auf Ausstellungen

Die Kapitel „Ernährung“ und „Gesundheit“ wurden von Dr. med. vet. Peter Brehm verfaßt.

1.- 7. Tausend 1978
8.-10. Tausend 1982
11.-13. Tausend 1985 (Neubearbeitung)
14.-17. Tausend 1986
18.-25. Tausend 1989 (Überarbeitung)
26.-35. Tausend 1992 (Überarbeitung)
36.-45. Tausend 1995 (Überarbeitung)

Die Deutsche Bibliothek - CIP-Einheitsaufnahme
Neufundländer: der Neufundländer und Landseer-Neufundländer ; praktische Ratschläge für Haltung, Pflege und Erziehung / Heinrich Ippen. [Die Kap. „Ernährung“ und „Gesundheit“ wurden von Peter Brehm verf.]. - 7., überarb. Aufl., 36.-45. Tsd. - Hamburg ; Parey, 1995
(Dein Hund)
ISBN 3-490-07819-5
NE: Ippen, Heinrich

Das Werk ist urheberrechtlich geschützt. Die dadurch begründeten Rechte, insbesondere die der Übersetzung, des Nachdrucks, des Vortrages, der Entnahme von Abbildungen und Tabellen, der Funksendung, der Mikroverfilmung oder der Vervielfältigung auf anderen Wegen und der Speicherung in Datenverarbeitungsanlagen, bleiben, auch bei nur auszugsweiser Verwertung, vorbehalten. Eine Vervielfältigung des Werkes oder von Teilen des Werkes ist auch im Einzelfall nur in den Grenzen der gesetzlichen Bestimmungen des Urheberrechtsgesetzes der Bundesrepublik Deutschland vom 9. September 1965 in der Fassung vom 24. Juni 1985 zulässig. Sie ist grundsätzlich vergütungspflichtig. Zuwiderhandlungen unterliegen den Strafbestimmungen des Urheberrechtsgesetzes.

© 1995 Paul Parey GmbH & Co. KG, Hamburg
Anschrift: Spitalerstraße 12, D-20095 Hamburg
Gesamtherstellung: Druck + Verlagshaus Wienand, Köln
Umschlaggestaltung: Jürgen Meyer, Hamburg
Printed in Germany
ISBN 3-490-07819-5

Vorwort

Beeindruckt von der Größe und dem äußeren Erscheinungsbild des Neufundländers, tragen sich viele Hundefreunde mit dem Gedanken, ein solches Tier anzuschaffen. Als erstes suchen sie gewöhnlich nach geeigneter Literatur, weil sie Genaueres über diese Rasse, ihren Ursprung und ihre Herkunft wissen möchten. Sie interessieren sich ferner für die Eigenarten des Neufundländers, die ihn von anderen unterscheiden, den Charakter und das Temperament dieses Hundes. Informationen zur Haltung und Pflege sind außerdem stark gefragt.

Im vorliegenden Buch erhält der Leser Anwort auf viele Fragen. Die Kynologie wird jedoch nur dort behandelt, wo es des besseren Verständnisses wegen erforderlich ist.

Wie sehr dieses Buch, das hiermit in der 7. Auflage vorliegt, dazu beigetragen hat, dem schwarzen, braunen und dem schwarz-weißen Neufundländer neue und verständnisvolle Freunde zu gewinnen, zeigt die steigende Zahl der Hundeliebhaber, die sich für einen Neufundländer entschieden haben.

Lindlar, im Sommer 1995
Heinrich Ippen

Herkunft der Neufundländer

Der Ur-Neufundländer

Wir schreiben das Jahr 1496. Hart schlägt die Brandung gegen die felsige Steilküste auf der Ostseite von Neufundland, einer großen, dem nordamerikanischen Festland vorgelagerten Insel. Der kurze Sommer neigt sich dem Ende zu. Ein kalter Nordostwind treibt dunkle Wolken über schäumende Wellen. Bald wird ein Gebilde aus Eis und Schnee Land und Meer überziehen. Nur die dunkel herausragenden Klippen der Steilküste werden die Uferlinie noch erkennen lassen.

Von dem nicht sehr breiten, mit Geröll und Steinen übersäten Strand führen große und kleine Buchten auf das Felsplateau hinauf und von dort weiter in das gebirgige Innere der Insel.

Oberhalb einer der Buchten, in einem geschützt liegenden Seitental, liegt eine kleine Siedlung. Die Sippe, die sich zur Zeit dort aufhält, gehört zum Stamm der Beothuk-Indianer, der Ureinwohner von Neufundland. Das geschäftige Treiben drinnen und draußen läßt auf ein bestimmtes Ereignis schließen. Bei näherem Betrachten sehen wir Frauen mit Kindern und einige alte Männer, die mit dem Trocknen von Fischen beschäf-

Neufundländer um 1780 (Bild Buffon)

tigt sind. Die Indianer sind dabei, Vorräte für den langen Winter anzulegen.

Hangaufwärts zu den Klippen hat sich dürftiger Graswuchs ausgebreitet. Zwischen Felsbrocken und Geröll stehen vereinzelt zerzauste Kiefern. Dort und weiter oben bis zu den Klippen hin halten sich die Hunde der Siedlung auf. Wir zählen 20 ausgewachsene und sieben junge Hunde. Geraten die spielenden Junghunde in ihrem Ungestüm zwischen die schlafenden Alten, belehrt sie ein kurzes Knurren, daß sie zur Zeit dort unerwünscht sind.

Der einem Plüschteddy ähnelnde Benjamin übt sich ein Stück hangabwärts als Jäger. Er beschleicht einen amselgroßen Vogel, der hinter einem Stein den Boden nach Nahrung aufhackt. Langsam, Fuß vor Fuß setzend, den Kopf vorgestreckt, die Augen unverwandt auf das Opfer gerichtet, schiebt er sich näher und hat selbst Mühe, die Balance zu halten. Bei einer Distanz von zwei Metern verhält er. Soll er den Angriff schon wagen? Er schiebt sich nach links und kann im Schutze des Steines noch näher herankommen. Der Sprung erfolgt von oben über die Kante des Steins. Doch statt auf seinem Opfer, das ihn natürlich bemerkt hat, landet er mit der Schnauze auf den Steinen. Mit erstaunten Augen fixiert er den Platz, wo der Vogel gerade noch gewesen ist.

Es ist eine muntere Gesellschaft, die dort lagert. Braune, graue und schwarze Hunde mit großen und kleinen Flecken auf der Brust und zum Teil weißen Füßen und Schwanzspitzen. Obwohl die schwarze Farbe dominierend ist, gibt es nur wenige, die ganz schwarz sind. Wie die Farbe, so ist auch die Struktur des Haares nicht einheitlich. Lockiges und welliges, vereinzelt auch ganz schlichtes Haar ist zu sehen. Allen gemeinsam ist jedoch, daß das mittellange, zottige Haar auffallend dicht ist.

Nach und nach kommt Unruhe in die Gesellschaft. Einzelne Tiere stehen auf, ein mittelgroßer Hund wird sichtbar. Die starken Knochen lassen auf erhebliche Körperkraft schließen. Die Tiere sind durchweg gut genährt, zeigen jedoch keinen Fettansatz.

Anmut und Schönheit haben bei der Entstehung dieser Hunde sicherlich nicht Pate gestanden, doch sind sie hier wohl auch nicht gefragt. Ihren eigenen Gesetzen folgend, hatte die Natur einen Hund geschaffen, dem es unter den extremen Bedingungen dieser Gegend zu leben möglich war. Allerdings überlebten in den Würfen nur die Gesündesten und Kräftigsten, und das waren meist nur wenige.

Mittlerweile hat es die Hunde höher hinauf bis auf die Klippen getrieben. Weit ist der Blick von hier auf das Meer hinaus, dessen Brandung unaufhörlich gegen die Felsen schlägt. Aufmerksam geht der Blick der Hunde über das Wasser. Die Nase prüft alles, was der Wind aus der Ferne

Neufundländer um 1811 (auf dem Selbstbildnis des englischen Porträtmalers Benu Marshall)

mitbringt. Die Unruhe hat nun alle Tiere ergriffen. Sie stehen auf, laufen hin und her, setzen sich wieder nieder und springen erneut auf, wobei leises Jungsen und Fiepen ertönt.

Plötzlich blafft eine Hündin laut auf, springt in einem Satz herum und fegt den Abhang hinunter zu der kleinen Bucht, die zum Strand führt. Das gesamte Rudel stürmt hinter ihr her. Die Hündin hat mit ihrem überaus fein entwickelten Geruchssinn die Boote der vom Fischfang heimkommenden Männer wahrgenommen, obwohl sie noch weit draußen und für das Auge nicht sichtbar sind.

Was nun folgt, ist ein einmaliges Schauspiel. Jeden Quadratmeter des felsigen Strandes genau kennend, stürzen sich die Hunde ins Meer, manche von zwei bis drei Meter hohen Felsen. Durch die starken Häute zwischen den Zehen dazu befähigt, schwimmen sie mit unglaublicher Geschwindigkeit gegen die Brandung auf das Meer hinaus, den Booten entgegen. Große Wogen, die sie zurückwerfen würden, werden otterngleich unterschwommen. Hier sind diese Hunde in ihrem Element. Bald erscheinen sie nur noch als kleine Punkte auf den Wellenkämmen. Die Jungtiere, die ein Stück mitgeschwommen waren, kehren eines nach dem anderen ans Ufer zurück, wo bald auch die Frauen und Kinder eintreffen, um beim Landen und Entladen der Boote zu helfen.

Inzwischen sind die anderen Hunde bei den Booten angelangt.

Suchend umschwimmen sie diese, bis sie die Lederseile gefunden haben, an denen die Boote an Land gezogen werden. Da es dabei mitunter zu Kämpfen zwischen den Hunden kommen kann, haben die Männer mehrere Seile an den einzelnen Booten befestigt. Hart ist die Arbeit des Einschleppens, die Brandung trägt die Boote immer wieder zurück. Doch die Hunde kämpfen, sie lassen nicht lokker, und unterstützt von den Männern kommt Boot für Boot zur Landungsstelle, wo es dann von den Frauen und Männern vollends auf das Land gezogen wird. Schwer keuchend und völlig erschöpft ruhen die Hunde sich aus. Doch wenn der Fang ausgeladen wird, springen sie sofort wieder hoch. Wer jetzt zu müde ist, wird schwerlich etwas abbekommen von dem ihm zustehenden Teil des Fischfangs. Viele kleine Fische sowie die abgeschnittenen Köpfe der großen werden ihnen als Futter zugeworfen.

In der Zeit des Fischfangs leben die Hunde nicht schlecht, da sie auch noch den Strand auf eigene Faust und meist mit Erfolg nach Futter absuchen. Diesem guten Leben machen aber bald die Indianer, die selbst für ihren Wintervorrat an Fischen zu sorgen haben, oder aber der plötzlich hereinbrechende Winter ein Ende.

Am ersten klaren Morgen nach tagelangen heftigen Schneefällen werden gesunde, kräftige Rüden ausgesucht und vor die Schlitten gespannt. Dies ist gar nicht so einfach. Die erfahrenen Alten lassen sich willig anschirren, jedoch die Jungrüden, noch an keine Fessel gewöhnt, gebärden sich dabei wie wild. Doch nach einigen Tagen Training laufen sie wie die Alten, und es macht ihnen Freude. Oft bleiben sie tagelang mit den fallenstellenden Indianern fort, denen sie die schweren Schlitten ziehen. Nicht selten kommt es an den Lagerplätzen zwischen Hunden und Wölfen zu Kämpfen, aus denen die Hunde nicht immer als Sieger hervorgehen. Den Weg nach Hause verlieren sie jedoch nie, auch nicht bei starkem Schneefall und dichtestem Nebel.

Die Frühjahrssonne wärmt nur noch 19 großen Hunden den Pelz. Der harte und lange Winter hat seinen Tribut gefordert. In dieser Zeit zwischen Schlittenziehen und dem Helfen beim Fischfang liegt für die Hunde eine Phase relativer Ruhe. Seit Tagen steht dichter Nebel über der Insel, jedes Geräusch wird aufgeschluckt. Wie immer laufen die Hunde zwecks Nahrungssuche hinunter zum Wasser. In dieser Zeit sind sie ausschließlich Selbstversorger. Heute kehren sie nicht zur gewohnten Zeit zurück, etwas muß sie draußen aufgehalten haben. Bei Anbruch der Dunkelheit treffen sie ein, durchnäßt und erschöpft, wie nach harter Arbeit. Dies ändert sich auch in den nächsten Tagen nicht. Erst am fünften Tag, der Nebel ist von einem kräftigen Passatwind vertrieben worden, können sich die Indianer das seltsame Treiben der Hunde erklären. Weit draußen liegen drei große Schiffe vor Anker mit Europäern, die einen neuen Seeweg nach China suchen. Zuerst übers Eis und dann durch das Wasser hat es die Hunde zu den Schiffen getrieben. So etwas hatten die Matrosen noch nicht gesehen. Sie warfen den Tieren Fleisch zu und staunten, wie geschickt die Hunde sich im Wasser bewegten. An diesem Tag, als der Nebel die Küste freigibt, werden die Beiboote aufs Wasser gesetzt. Die Hunde begleiten sie zum Strand. Bevor die Boote in die Brandungswellen kommen, fassen die Hunde die Ruder und manövrieren sie geschickt an die ihnen bekannten landungsfähigen Stellen.

Hier ist meine kleine Geschichte zu Ende. Ist es so oder so ähnlich gewesen? Wir wissen es nicht!

Erste Züchtungen auf Neufundland

Die Kunde von dem großen Fischreichtum brachte in der Folgezeit jeden Sommer viele Schiffe in die Gewässer um Neufundland. Erst Anfang des 17. Jahrhunderts wurde die Insel von Engländern besetzt.

Fischer und Siedler beobachteten die Arbeit der Inselhunde. Aus Europa, hauptsächlich aus England, brachten sie andere Hunde mit, die sie ebenfalls für diese Arbeit abrichteten. Sie suchten sich kräftige Tiere aus, die

Eingeborener Neufundländer um 1880

Landseer-Neufundländer um 1837. Gemälde des englischen Malers „Landseer"

in ländlichen Gegenden als Zughunde gebraucht wurden. Die meisten waren weiß mit schwarzen Platten, schwarzem Kopf und langem Haar. Bei der Arbeit im Wasser hatten sie zunächst sehr große Schwierigkeiten. Dies wurde erst besser, nachdem sie sich mit den eingeborenen Hunden vermischten. Die Nachkommen aus diesen Paarungen besaßen die erhoffte Geschicklichkeit.

Die Art des Fischens hatte sich durch die Siedler gewandelt. Mit Netzen, die mehrere hundert Meter lang waren, wurden ganze Buchten abgefischt. Die Hunde halfen mit. Sie schwammen zwischen den Kähnen, faßten die Schwimmer und brachten die Netze derart an Land. Sie mußten schon über erhebliche Körperkraft und Ausdauer verfügen, um diese Arbeit bewältigen zu können. Es ist wohl anzunehmen, daß die Siedler besonders gute „Arbeits"-Hunde miteinander paarten, um deren Eigenschaften zu festigen. In dieser Zeit – zwischen dem 16. und 18. Jahrhundert – dürfte sich der Neufundländer mit seinem sehr festen genetischen Kern gebildet haben.

Weitere Theorien über den Ursprung des Neufundländers

Anknüpfend an die kleine Erzählung über die Ursprünge des Neufundländers, die auf Schilderungen und Berichten namhafter Kynologen und Forscher im deutschsprachigen Raum basiert und die wie viele ähnliche Erzählungen hypothetischer Natur ist, möchte ich kurz einige andere Versionen der Entstehung, die ebenfalls auf Vermutungen beruhen, darstellen.

So berichtet Dr. Leopold Josef Fitzinger in seinem Buch „Der Hund und seine Racen“ (Erscheinungsjahr 1876) von zwei Neufundländerarten, den kraushaarigen und den langhaarigen:

„Der kraushaarige Neufundländerhund (Canis extrarius, aquaticus Terrae-novae):

Wie sich mit großer Wahrscheinlichkeit nach den äußeren Formen dieser Race schließen läßt, dürfte dieselbe aus der Paarung des großen Pudels (Canis extrarius, aquaticus) mit dem französischen Fleischerhunde (Canis leporarius, laniarius) hervorgegangen, sonach ein doppelter Bastard reiner Kreuzung sein. ... Es ist gewiß, daß diese Race zur Zeit der ersten Niederlassung der Engländer in Neufundland im Jahre 1622 noch nicht daselbst getroffen wurde und daß ihre Entstehung daher erst in eine spätere Zeit fällt. Ohne Zweifel waren es einige daselbst zurückgelassene europäische Hundeformen, denen sie ihre Entstehung verdankt, und aller Wahrscheinlichkeit nach jene Formen, welche oben als ihre Stammeltern angegeben sind. In ihrer ursprünglichen Reinheit wird sie auch in Neufundland dermalen nur selten mehr angetroffen.

Der langhaarige Neufundländerhund (Canis extrarius, aquaticus longipilis):

Aus den äußeren Formen dieser Mischlings-Race geht ziemlich deutlich hervor, daß dieselbe ihre Entstehung der Kreuzung des kraushaarigen Neufundländerhundes (Canis extrarius, aquaticus Terrae-novae) mit dem schottischen Seidenhunde (Canis extrarius scoticus) zu verdanken hat, wonach sie sich als ein dreifacher Bastard gemischter Kreuzung darstellt. Sie ist noch größer und kräftiger gebaut als die erstgenannte Race und kommt an Größe und Stärke gewöhnlich der gemeinen Dogge (Canis molossus mastivus) gleich.“

Andere sehen den Pyrenäenhund als bedeutungsvoll für die Entstehung des Neufundländers und ganz besonders des Landseers an. Da der Pyrenäenhund jedoch regelmäßig Wolfsklauen und oft doppelte Afterklauen hat, die beim schwarzen Neufundländer niemals vorkommen, dürfte er als Vorfahre ausscheiden. Auch bei dem Landseer ist der Nachweis schwer zu führen. Es waren fast ausschließlich englische und französische Seeleute und Fischer, die Neufundland besiedelten und die Hunde aus ihrer Heimat mitgebracht hatten. Es ist daher nicht anzunehmen, daß die wenigen Portugiesen und Spanier auf der Insel mit Pyrenäenhunden den Grundstock der Neufundländerhunde gebildet haben.

RICHARDSON (zit. nach MÉGNIN) glaubt, daß norwegische Hunde die Vorfahren des Neufundländers waren. Sie seien über Grönland und Labrador nach Neufundland gekommen. Er erzählt, daß noch 1844 norwegische Bauern einen Hund zur Jagd auf Bären, Wölfe und Wildschweine hielten, den „Boar“ (das heißt Eberhund), der dem Neufundländer sehr ähnlich war. Laut Richardson schreibt 1732 eine „Person of Quality“: „Der Bärenhund ist von großen Maßen, gewöhnlich träge und faul, aber sehr wachsam. Er kommt von Neufundland ... (Ash).“

Es gibt eine Theorie, die behauptet, daß die Hunde, so wie wir sie kennen, bereits da waren, als Neufundland entdeckt wurde. Ausgrabungen auf Neufundland haben bewiesen, daß um das Jahr 1000 grönländische Nordleute auf der Insel gesiedelt hatten. Warum sollten mit ihnen nicht auch Hunde gekommen sein, die nach Aufgabe der Siedlungen dort verblieben sind?

Als Neufundland im Jahr 1497 wiederentdeckt und später von England in Besitz genommen wurde, wird der einheimische schwarze Hund zwar nicht erwähnt, aber warum sollte man über ihn schreiben? Es gab sicher Wichtigeres zu berichten.

Eine andere Theorie besagt, daß die Ureinwohner, die Beothuk-Indianer, sich vom nahen amerikanischen Festland neufundländerähnliche Hunde auf die Insel holten. Die inselbedingte zwangsläufige Isolation führte zu einem genetisch festen Kern, der durch trotz gelegentlicher Zufuhr neuen Blutes vom Festland erhalten blieb.

Entscheidend ist in diesem Zusammenhang, daß der Typ des Neufundländers zu dieser Zeit in Europa unbekannt war.

Es gibt noch weitere Ansichten über die Entstehung unserer Hunde, doch sie beruhen alle genauso wie die hier wiedergegebenen auf Theorien und Hypothesen. Die Herkunft des Neufundländers bleibt im dunkeln.

Erscheinungsformen des Neufundländers

Der weiß-schwarze Landseer-Neufundländer

Wenn ich den ersten Abschnitt dem weiß-schwarzen Hund widme, der jetzt unter dem Namen „Landseer" bekannt ist, so deshalb, weil er der zuerst von Neufundland mitgebrachte Hund war und als der „Neufundländer" bekannt wurde.

Ende des 18. Jahrhunderts brachten Seeleute, die in den Sommermonaten vor Neufundland gefischt hatten, große weiß-schwarze Hunde von der Insel mit. Sie fanden ihrer äußeren Erscheinung und ihrer vielfältigen Verwendbarkeit wegen sehr schnell zahlreiche Freunde. Anfang des 19. Jahrhunderts waren sie bereits über ganz England verbreitet. Als die Einfuhr aber nachließ, weil der Bestand erschöpft war, wurden die Hunde in England weitergezüchtet.

Die Engländer verstanden es, aus den unterschiedlichen Importen einen im Typ einheitlichen Hund zu züchten. Es ist anzunehmen, daß sie dabei auf den noch vorhandenen

Landseer-Neufundländer um 1890. Berühmter Urahne und Vorbild für den Standard-Typ

weiß-schwarzen Landhund zurückgegriffen haben. Auch der Bernhardiner dürfte mitverwendet worden sein.

Der englische Tiermaler Landseer hat diese ebenso großen wie schönen Hunde oft gemalt. Das bekannteste Gemälde mit dem Titel „Ein ausgezeichnetes Mitglied der menschlichen Rettungsgesellschaft“ hängt in der Londoner National-Galerie. Es zeigt einen großen weißen Hund mit schwarzem Kopf. Er liegt auf einer Hafenmauer und beobachtet das Geschehen auf dem Wasser. Nach diesem Gemälde sind die weiß-schwarzen Neufundländer „Landseer-Neufundländer“ genannt worden.

Ende des 18. Jahrhunderts kamen die Landseer-Neufundländer schließlich als „Landseer“ auch nach Deutschland. Sie wurden hauptsächlich an Fürsten- und Gutshöfen gehalten und gezüchtet. Zu dieser Zeit waren sie die größten Hunde überhaupt; ihre Schulterhöhe betrug 90 cm.

Es ist unverständlich, daß die Zucht dieses einmaligen Hundes in England ihren Niedergang fand, als der ebenfalls aus Neufundland stammende kleinere und unscheinbarere Schwarze eingeführt wurde. Nach dem 1. Weltkrieg waren lediglich noch in Deutschland und in der Schweiz einige wenige Exemplare für einen neuen Zuchtaufbau verfügbar. Dies ging erst allmählich vor sich und war nur möglich, indem der mittlerweile auch auf Größe und Schönheit gezüchtete Schwarze zur Zucht mit herangezogen wurde.

Trotz der vielen gemeinsamen Merkmale mendelte sich durch planvolle Zucht der Landseer-Typ in etwa bald wieder heraus. 1960 waren der Bestand und die Zuchtbasis so stark, daß man glaubte, die Farbreinzucht wieder beschließen zu können. Dokumentiert wurde dies durch die Registrierung der Landseer unter der Bezeichnung „Landseer kontinentaleuropäischer Typ“ bei der F.C.I. in Brüssel (Reg.Nr. 221). Die F.C.I. – Fédération Cynologique Internationale – ist die größte internationale Dachorganisation für Rassehundeverbände, in der die meisten bedeutenden nationalen Verbände zusammengeschlossen sind. Dort sind auch die Rassestandards hinterlegt und registriert, nach denen die einzelnen Klubs und Vereine züchten.

Die Zusatzbezeichnung „kontinental-europäischer Typ“ war notwendig, da in England, dem Ursprungsland der Landseer, derselbe nicht mehr rein gezüchtet wurde. Dort wird er, wie auch in den nordischen Ländern, in Holland, Amerika und Kanada mit dem Schwarzen gepaart und als schwarz-weißer Neufundländer registriert.

Der Rein-Landseer ist ausgestorben. Alle schwarz-weißen Neufundländerhunde, auch der Landseer „kontinental-europäischer Typ“, sind nachweislich Abkommen aus Paarungen von Alt-Landseern mit schwarzen Neufundländern.

Zum besseren Verständnis nachstehende Unterscheidung: Der Landseer-Neufundländer „kontinental-europäischer Typ" (Reg.Nr. 221) wird in Deutschland, der Schweiz und Österreich gezüchtet. Er darf nicht mit dem schwarzen Neufundländer gepaart werden.

Der schwarz-weiße Neufundländer (Reg.Nr. 50) wird in England, Holland, Kanada, den USA, in den nordischen Ländern und in Deutschland gezüchtet und wird mit dem schwarzen Neufundländer gepaart.

Da beide Landseer-Typen sehr viel gemeinsames Erbgut von den „Eingeborenen" aus Neufundland aufweisen, treten immer wieder Exemplare in Erscheinung, die es selbst dem Kenner der Rasse schwermachen, sie richtig einzuordnen. Verschiedentliche in letzter Zeit erfolgte Paarungen von Landseer „kontinental-europäischer Typ" mit „schwarz-weißen Landseer-Neufundländern" lassen für die Zukunft eine weitere Wiederangleichung der beiden Varianten erwarten.

Ob die 1960 erfolgte Trennung von dem Neufundländer für die Zucht und den gesunden Fortbestand der Rasse richtig war, soll hier nicht untersucht werden.

Wenden wir uns nun dem Hund selbst zu:

Er ist von imposanter Figur, die bis zu 80 cm hoch werden kann. Die weiße Grundfarbe wird teilweise von unregelmäßigen schwarzen Platten auf der Rumpf- und Kruppenpartie unterbrochen. Läufe und Rute sind rein weiß. Der Kopf ist schwarz. Wünschenswert ist eine durchgehende, nicht zu breite Blesse, die dem Gesicht einen freundlichen Ausdruck gibt. Das schlichte Haar ist lang und von feiner Struktur.

Doch wer könnte ihn trefflicher schildern als der Altmeister der Landseerzucht, Harald Dieckmann, Besitzer des Landseerzwingers „v. d. Lüneburger Heide".

„Der Landseer, dessen Vorfahren durch die harten Daseinsbedingungen ihrer unwirtlichen Heimatinsel einer unerbittlichen Auslese unterworfen waren, ist auch heute noch der wetterfeste und bärenstarke Gebrauchshund. Wer Freude an einem urtümlich gebliebenen Tier hat, für den ist der Landseer der richtige Hund. Er mag sich nun den gewaltigen Rüden wählen oder die etwas kleinere und noch elegantere Hündin. Anschmiegsam sind sie beide, ihrem Herrn ergeben, gegen Fremde mißtrauisch und zunächst abwartend, ernsthaft in die Welt schauend. Ihre Stimme ist ein harmonisches Geläut, der Rüde im sonoren Baß, die Hündin im tiefen Alt.

Groß wie den Bernhardiner, schnell wie den Schäferhund, klug wie den Pudel, stark wie den Molosser, elegant wie den Windhund, aber auch

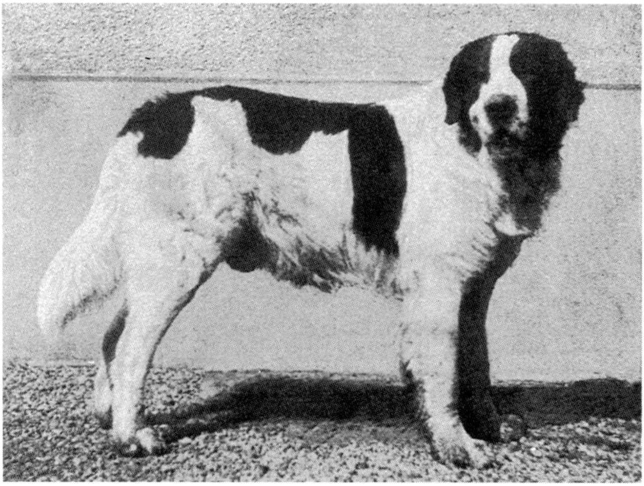

Vaterhund
der kontinentalen
Landseerzucht
um 1905

treu und gutmütig wie seinen schwarzen Vetter: so wünschen wir uns den Landseer. Das ist kein bloßes Wunschbild, sondern für jene, die ihn reingezüchtet besitzen, beglückende Wirklichkeit... Wer einen Landseer zum Kameraden wählt, kann dessen unbedingter Treue gewiß sein, aber auch, daß der Kamerad die gleiche Treue von seinem Herrn erwartet." Soweit HARALD DIECKMANN, der mit OTTO WALTERSPIEL maßgeblich am Erhalt und Wiederaufbau der Landseerzucht in Deutschland beteiligt war.

Der schwarze Neufundländer

Sein Name gibt uns zwar die Gewißheit, woher der Hund stammt, jedoch wann und wie er dort entstanden ist, werden wir nicht mehr erfahren. Erwiesen ist, daß der Neufundländer, kynologisch gesehen, eine alte Rasse ist. Durch die Abgeschiedenheit auf der Insel entstanden und verfestigten sich Eigenschaften, die bei Hunden dieser Rasse auch heute noch in voller Stärke vorhanden sind.

Hier sei nur die Wasserleidenschaft erwähnt, die durchbricht, sobald sich eine Gelegenheit zum Schwimmen bietet.

Ohne Kenntnis der Vererbungslehre wurde früher ausschließlich nach dem äußeren Erscheinungsbild und nach der Brauchbarkeit der Hunde gezüchtet. Gelegentlich vorgenommene Einkreuzungen anderer Rassen, die zum Beispiel die Größe, die Haarstruktur oder anderes verändern sollten, hat der Neufundländer jedoch ohne Schaden am Typus überstanden.

Mitte des 19. Jahrhunderts brachten Matrosen als Ersatz für die auf der Insel ausgestorbenen weiß-schwarzen Tiere die ersten schwarzen Neufundländer zögernd nach Europa mit. Zögernd deshalb, weil dieser schlichte, einfarbig schwarze oder manchmal auch braune Hund mit dem imposanten weiß-schwarzen Vetter nicht konkurrieren konnte. Daß die Schwarzen dennoch gut ankamen und die Weiß-Schwarzen sogar verdrängten, lag wohl in der Hauptsache an ihrem vorzüglichen Wesen und an ihrer vielseitigen Verwendungsmöglichkeit.

In großer Zahl wurden schwarze Neufundländer nach England, Frankreich und Nordamerika gebracht. In Frankreich entwickelte sich keine planmäßige Zucht, zum Teil, weil die Matrosen nur Rüden mitbrachten, um sich das Geschäft nicht zu verderben. In England wurde dagegen der Schwarze, wie schon zuvor der Weiß-Schwarze, schnell außerordentlich beliebt und bald selbst gezüchtet.

Aus Berichten und von Bildern wissen wir, daß der eingeborene Neufundländer nur etwa mittelgroß war. Er hatte meist krauses Haar und wirkte im gesamten Erscheinungsbild uneinheitlich. Nach heutigen Begriffen war er kein schöner Hund. Lesen wir nach, was Fitzinger 1876 über die damaligen Neufundländerhunde schrieb, die er bekanntlich in zwei Arten, den kraus- und den langhaarigen Neufundländer, einteilte.

Auch heute noch Standard-Typ des schwarzen Neufundländers. Eine Aufnahme um 1890

Über den kraushaarigen Hund schrieb er: „Sie gehört zu den größten unter den Racen des Hundes und stellt sich als eine kräftige Form dar, welche mit der Gestalt, Größe und Stärke des französischen Fleischerhundes, zum Theile die Behaarung, so wie auch die Bildung der Ohren des großen Pudels in sich vereint. Ihr Kopf ist von mäßiger Größe und etwas gestreckt, das Hinterhaupt breit und ziemlich hoch, die Stirne schwach gewölbt, die Schnauze nicht sehr lang und etwas verdickt. Die Lippen sind straff, die Ohren ziemlich lang und breit, an der Spitze abgerundet und vollkommen hängend. Der Hals ist nicht sehr kurz, dick und kräftig, der Leib nur wenig gestreckt und voll, die Brust nicht besonders breit, doch stark, der Widerrist schwach erhaben, der Rücken in der Mitte kaum merkbar gesenkt. Die Beine sind verhältnismäßig hoch und stark, die Spannhäute zwischen den Zehen der Vorder- und Hinterfüße sehr stark entwickelt und fast bis an die Krallen reichend. Der Schwanz ist ziemlich lang und dick und wird meist etwas hängend und nur gegen die Spitze zu nach aufwärts gekrümmt, bisweilen aber auch bogenförmig emporgehoben getragen. Die Behaarung ist im Gesicht kurz und glatt anliegend, am übrigen Körper aber lang und zottig, schwarz gekräuselt, dicht weich und beinahe seidenartig, an den Ohren und am Schwanz noch merklich länger. Die Färbung ist meistens schwarz, mit einem kleinen lebhaft rostgelb gefärbten Flecken über den Augen und rostgelber Zeichnung an der Lippe, der Kehle und den Fußgelenken. Bisweilen kommen auch weiße Abzeichen an den Füßen und an der Schwanzspitze vor. Seltener erscheint dieselbe einfarbig schwarz, braun oder weiß oder auch mit großen schwarzen oder braunen Flecken auf weißem Grund gezeichnet. Die Augen sind meistens lichtbraun."

Über den langhaarigen Neufundländer schreibt FIITZINGER:

„Die Merkmale, durch welche er sich vom kraushaarigen Neufoundländerhunde unterscheidet, sind die höhere Stirne und stumpfere Schnauze, eine etwas schwächer gewölbte Stirne, der kürzere und dickere Hals, der vollere Leib, die längeren und breiteren Ohren und der längere Schwanz. Das Hauptunterscheidungszeichen besteht aber in der merklich längeren zottiggewellten und seidenartig glänzenden Behaarung, welche an den Ohren und an der Unterseite des Schwanzes lange, herabhängende Fransen bildet. Nur das Gesicht allein ist mit kurzen, glatt anliegenden Haaren bedeckt.

Die Färbung ist in der Regel einfarbig tief schwarz oder rothgelb, seltener weiß, mit größeren oder kleineren schwarzen Flecken. Diese schöne und beliebte Race ist heut zu Tage viel häufiger als der kraushaarige Neufoundländer und wohl vorzugsweise in England gezogen ... In Frankreich sowohl als auch in England wird diese Race vom kraushaarigen Neufoundländerhunde nicht unterschieden und daher auch mit denselben Benennungen bezeichnet.

Sie vereinigt alle Eigenschaften in sich, welche bei der eben genannten Race, von der sie stammt, angetroffen werden, ist aber noch weit mehr als diese beliebt, da sie dieselbe nicht nur an Größe, Kraft und Stärke übertrifft, sondern ihr auch an körperlicher Schönheit offenbar vorsteht. Aus diesem Grunde wird sie bei uns mit besonderer Vorliebe gehalten, indem sie ihrem Herrn nicht nur zum Vergnügen dient, sondern auch seiner Person, seinem Haus und seiner Habe sicheren Schutz gewährt und wenn es Noth tut, dieselben kräftig und muthig vertheidigt."

Vergleichen Sie diese Merkmale mit dem jetzt gültigen Standard, der im Kapitel „Rassekennzeichen des Neufundländers und Landseers" beschrieben ist (s. S. 64).

Sieger Satan. Er kam aus Belgien nach Deutschland und in die Zucht von E. Burkhard in der Schweiz

Als Ende des 19. Jahrhunderts die Küstenfischerei vor Neufundland zum Erliegen kam, hörte man mit dem Züchten auf, da Hunde nicht mehr gebraucht wurden. Anfang des 20. Jahrhunderts waren demzufolge die schwarzen und die schwarz-weißen Neufundländer auf der Insel so gut wie ausgestorben.

Unterdessen betrieb man in England die Zucht der Schwarzen. 1886 wurde dort der erste Standard für Neufundländer aufgestellt, der auch auf dem Kontinent, wo der Schwarze ebenfalls gehalten und gezüchtet wurde, gültig war und noch heute gilt.

Weniger durch Einkreuzen fremder Rassen, vielmehr jedoch durch bewußte Zuchtauslese wurde der Neufundländer, wie wir ihn kennen, herausgezüchtet. Hier eine kurze Beschreibung:

Der Neufundländer ist ein großer Hund, obwohl etwas niedriger stehend als Landseer oder Bernhardiner. Die Schulterhöhe des Rüden mißt in der Regel 65 bis 75 cm, die der Hündin 62 bis 70 cm. Die überaus starken Knochen, die Kopfprägung sowie die dichte Behaarung geben dem Hund ein bärenhaftes Aussehen. Dieser Eindruck verstärkt sich noch, wenn man ihn im Paßgang hin- und herschwingen sieht. Trotz der Schwere ist das Gangwerk sehr geschmeidig und fördernd.

Die Gesamterscheinung des Neufundländers wird von der Behaarung stark bestimmt. Die Haarstruktur ist jedoch nicht bei allen Tieren gleich. Die Mehrzahl weist bei reichlicher weicher Unterwolle hartes langes Deckhaar auf, das bei manchen, hauptsächlich an Brust und Läufen, einen kupfernen Ton zeigt. Andere haben ein schlichtes, tiefschwarzes Haarkleid, das die Körperformen sehr gut erkennen läßt. Die Letztgenannten stellen bezüglich der Haarpflege keine besonderen Ansprüche.

Was den Neufundländer besonders auszeichnet, sind Anschmiegsamkeit und Verlangen nach Liebe und Treue, die er in großem Maße auch selbst zu geben bereit ist. Sein soziales Verhalten sowie die willige Einordnung in den Familienverband könnten noch auf die Zeit des Rudellebens auf Neufundland zurückzuführen sein. Auch seine Heimtreue dürfte daher stammen.

Der braune Neufundländer

Unter den aus Neufundland eingeführten Hunden befanden sich auch einzelne braune. Wurden diese mit schwarzen gepaart, fielen in der Regel schwarze Nachkommen, da schwarz dominant, das heißt überdeckend ist. Gingen aus solchen Verbindungen gelegentlich auch braune Welpen hervor, wurden sie getötet. Vermutlich

Kein Fehltritt, der Papa war schwarz! ▶

war der helle, verwaschene Braunton, den die Tiere damals zeigten, die Ursache, daß, von wenigen Ausnahmen abgesehen, keine systematische Zucht brauner Hunde betrieben wurde. Die braune Farbe blieb jedoch erhalten, da ein Teil der schwarzen Hunde das Gen für braunes Haar weitergaben. Vor etwa 20 Jahren wurden in der Schweiz und auch in Deutschland erstmals wieder braune Neufundländer geboren. Die Eltern dieser Würfe entstammten holländischen Blutlinien, aus denen nachweislich braune Neufundländer hervorgegangen waren. In Holland hatte es schon immer einige Individualisten gegeben, die auch braune Hunde aufzogen und in die Zucht einsetzten.

Heute wird der braune Neufundländer planmäßig gezüchtet. Die Zuchtbasis ist noch sehr schmal und macht ein Einkreuzen von Schwarzen notwendig, um Inzuchtschäden zu vermeiden. Waren die ersten Braunen noch recht unterschiedlich in der Farbe, sie reichte von Hellbraun über Rötlich bis zu Dunkelbraun, so zeigen heute die meisten Braunen die gewünschte havannabraune Farbe.

Anatomisch gesehen bestehen zwischen dem braunen und dem schwarzen Neufundländer kaum Unterschiede. Der Knochenbau ist in der Regel jedoch stärker. Die Behaarung ist harsch mit dichter Unterwolle und etwas kürzer als beim Schwarzen. Die Augenfarbe ist ein warmes Hell- bis Mittelbraun. Der Kopf hat durchweg eine edle und sehr typische Prägung.

Landseer-Hündin. 1950 Siegerin eines Wettbewerbs

Er ist urwüchsig, vital, von robuster Gesundheit und besitzt einen anpassungsfähigen, menschenfreundlichen Charakter.

Wenn wir den Neufundländer als bärenhaft bezeichnen, so trifft dies in besonderem Maße auf den Braunen zu.

Der schwarz-weiße Neufundländer

Seine Beschreibung ist notwendig geworden, weil er jetzt auch in Deutschland gezüchtet wird.

Ich bezeichne bewußt diesen farblich sehr ansprechenden Hund mit schwarz-weiß, weil bei ihm der schwarze Farbanteil höher liegt als beim weiß-schwarzen Landseer. Bei den meisten ist der Kopf ganz schwarz, nur wenige zeigen eine leichte Blesse. Die Ursache liegt in der fortlaufenden Paarung mit dem Schwarzen. Diese Zuchtmethode ist sehr sinnvoll, garantiert sie doch auch diesem Farbschlag eine robuste Gesundheit und sichert ihm gleichzeitig den geforderten Neufundländertyp.

Hunde mit rezessiven Farben, dazu gehört auch das Scheckungsmuster, sollten nicht ohne Not über längere Zeit miteinander gepaart werden. Die nachteiligen Folgen dieser sogenannten Farbreinzucht sind wissenschaftlich belegbar. Sicherlich wird seine Erscheinung auf Ausstellungen dazu beitragen, das Gesamtbild unserer Neufundländer ansprechend zu bereichern.

Wesen und Eigenschaften des Neufundländers

Hier möchte ich zunächst einige Ausführungen von Prof. HEIM wiedergeben, der wohl als der beste Kenner und Erforscher der Neufundländerhunde gilt.

Nach Heim ist der Neufundländer reaktionsstark, hat einen edlen Charakter und ist ausgeglichener als die meisten anderen Hunderassen, „ein freundliches, liebenswürdiges, gutmütiges, nachdenkliches, edelmütiges, gewissenhaftes, sehr anhängliches und treues Tier, dem viele Tugenden und keine Laster angeboren sind".

„Der Neufundländer hat ein feines Gefühl im Umgang mit Menschen und Nebentieren. Er ist nicht selbstsüchtig. Er nimmt überall Rücksicht auf die anderen... Er ist vornehm, ohne eitel zu sein, großmütig und barmherzig, sogar hilfsbereit gegen die Schwachen, gerecht und hervorragend in Selbstüberwindung, ohne Neid und Eifersucht. In solchen stillen edlen Charaktereigenschaften übertrifft er die meisten anderen Rassen bei weitem."

Niedergeschrieben wurde dies um 1928 über die Neufundländer, die zu jener Zeit lebten, und die zum Teil noch Importe von der Insel waren oder von Importen direkt abstammten. Es darf nun wohl zu Recht die Frage gestellt werden, ob unsere Neufundländer diese wunderbaren Eigenschaften, von denen viele sicher auch auf andere Rassen zutreffen, heute noch besitzen.

Im großen und ganzen kann man dieses bejahen, obgleich nicht zu übersehen ist, daß Forschung und Erkenntnisse der Kynologie auch Veränderungen im Phäno- und Genotyp des Neufundländers zur Folge hatten. Ich denke hier an die einschneidenden Maßnahmen zur Bekämpfung der Dysplasie der Hüftgelenke (HD), auf die an anderer Stelle noch eingegangen wird. Viele Neufundländer, die diese Erbschwäche zum Teil in hohem Maße besaßen, wurden von der Zucht ausgeschlossen. Die Paarungen erfolgten nun mehr oder weniger nach den Bestimmungen, die der Vermeidung der Hüftgelenksdysplasie galten. Überlegungen bezüglich Wesen und Charakter der Partner wurden demgegenüber oft in grober Weise vernachlässigt.

Hier sind die Züchter zur Verantwortung zu mahnen, daß sie neben der Bekämpfung der HD bei der Wahl

Dieser prachtvolle schwarz-weiße Neufundländer-Rüde strahlt Ruhe und Selbstsicherheit aus

der Partner ihr Hauptaugenmerk auf ansonsten physisch und psychisch gesunde Tiere legen. Aggressive Neufundländer, Neurotiker und Angstbeißer gehören nicht in die Zucht, selbst dann nicht, wenn das Röntgenergebnis „HD-frei" lautet. Auch wenn die von Prof. Heim genannten Eigenschaften wie „tiefsinnig", „nachdenklich", „barmherzig" in bezug auf Tiere uns heute fragwürdig erscheinen, so bleiben doch genug Tugenden übrig, die diese Hunde so liebenswert machen.

Der Neufundländer und die Familie

Immer wieder wird die Frage nach dem Beschützertrieb des Neufundländers gestellt, zum Beispiel, ob er auf kleine Kinder aufpassen und sie notfalls verteidigen würde. Diese Frage wird besonders durch die immer wieder beschriebene Gutmütigkeit des Tieres aufgeworfen. Lassen Sie mich dazu zwei Begebenheiten schildern, die rund 20 Jahre auseinanderliegen, Erlebnisse mit zwei ganz gewöhnlichen Neufundländern:

1955 kam Jonny, unser erster Neufundländer, als Fünfjähriger zu uns. Er war freundlich zu den Menschen und auch zu Tieren, die mit ihm bei uns gehalten wurden. Jonny konnte sich auch außerhalb des Zwingers auf unserem Anwesen frei bewegen. Nicht immer waren wir einer Meinung mit ihm, wenn er irgendeinen Besucher schwanzwedelnd am Tor begrüßte. Ein wenig Zurückhaltung hätte ihm besser gestanden – meinten wir!

Mittlerweile hatte auch unser Nachbar sein Haus gebaut. Mit dem Besitzer kam auch Pitt, ein zwar alter, aber äußerst scharfer Schäferhund, der, wenn sein Herr nicht bei ihm war, alles biß, was sich auf zwei oder vier Beinen bewegte. Um Zwischenfälle zu vermeiden, kam unser Hund auf die Hühnerweide und durfte nun nicht mehr frei herumlaufen. Jonny nahm von Pitt nie sonderlich Notiz, selbst sein wütendes Gebell am Zaun wurde tunlichst überhört.

An einem Frühlingstag arbeitete ich an den Blumenrabatten. Unser Ältester, gerade zweieinhalb Jahre alt, half mir dabei auf seine Art. Mein gelegentliches Brummen veranlaßte ihn dann wohl, sich selbständig zu machen. Als ich mit meiner Arbeit fertig war, rief ich unseren Sohn. Wider Erwarten kam die Antwort sofort. Das Kind war keine drei Meter von mir entfernt, allerdings auf der anderen Seite des Zaunes, in Pitts eigenem Revier. Im Augenblick erschrak ich. Und da kam Pitt auch schon um die Ecke, sah den Jungen und stürzte sich auf ihn. Ich hatte keine Chance, meinem Sohn zu helfen.

Was dann passierte, ging so schnell, daß ich es erst erfaßte, nachdem der Junge in Sicherheit war. Als Pitt das Kind erreicht hatte, flogen von unserem Grundstück aus 150 Pfund in den Zaun. Instinktiv klammerte sich der Junge dort an den Draht, wo Jonny gegen Pitt antobte. Pitt keifte zurück, aber traute sich nicht an den Jungen heran. Der Nachbar, vom wütenden Gebell aufgeschreckt, brachte seinen Hund mit blassem Gesicht ins Haus. Er dachte vermutlich wie ich: Wie wäre ohne Jonnys Eingreifen der Junge jetzt wohl zugerichtet worden?

1975: Jenny war ein kleines, dreieinhalb Monate altes Biest, als sie aus Prag zu uns kam. Für eine Neufundländerin hatte sie ein unglaubliches Temperament. Ich steckte sie zu Pascha, unserem Zuchtrüden, in den Zwinger. Sie lebte sich schnell bei ihm ein. Ihre Liebesbezeigungen erwiderte er jedoch nicht. Er duldete sie,

Aus einer holländischen Zucht um 1959; Landseer-Typ

nicht mehr! Sein vorwurfsvoller Blick fragte, wie man ihm nur solch ein Bündel in die Box hineinsetzen konnte. Er selbst ist ein temperamentvoller Rüde, ein großer Verehrer von Hündinnen. Mit der kleinen Jenny wußte er jedoch noch gar nichts anzufangen. Nach der Eingewöhnungsphase setzte sich ihr ungestümes Temperament noch weiter durch. Nahte die Fütterungszeit und hörte sie das Zubereiten des Futters, dann legte sie los. Sie winselte und heulte, sprang Pascha an und biß in den Draht. Das alles nur, um möglichst schnell ans Futter heranzukommen.

Damit nicht auch andere Jungtiere sich diese Unart angewöhnten, versuchte ich, Jenny dieses Benehmen abzugewöhnen. Zunächst hatte mein Schimpfen und Drohen ein wenig Erfolg, doch nach ein paar Tagen führte sie sich wieder wie anfangs auf.

Ich hatte dann wohl einen besonders schlechten Tag, als ich schließlich ins Hundehaus ging, sie mit der linken

Hand am Nacken packte und schüttelte. Jenny schrie wie am Spieß, was mich noch mehr aufbrachte. Sie bekam ein paar Klapse auf den Hintern.

Als ich noch einmal ausholte, saß plötzlich mein rechtes Handgelenk in einem Schraubstock, in Paschas Gebiß. Aus seiner Brust kam ein tiefes Knurren, nicht laut, aber unüberhörbar, dabei sah er mich starr an.

Verwirrt brummte ich etwas wie „Es ist ja schon gut", da ließ er mein Handgelenk los.

Diese mir erteilte Lektion hat mich beschämt, und seitdem bin ich selbstkritischer im Umgang mit meinen Hunden und stelle mich besser auf die einzelnen Tiere ein. Jenny ist inzwischen zu einer ruhigen und gesitteten Hündin herangewachsen. Wer hätte das gedacht! Aus diesen beiden, doch ziemlich weit auseinanderliegenden Begebenheiten erkennt man, daß der Neufundländer im Laufe der Jahre zwar sein äußeres Erscheinungsbild geändert haben mag, daß aber viele seiner guten Eigenschaften, besonders der Drang, Schwache zu beschützen, noch voll erhalten geblieben ist.

Bei Verschönerung des Blumenbeetes ...

Diese erfreuliche Feststellung haben sicherlich auch schon manche Eltern, die zugleich stolze Besitzer eines Neufundländers sind, gemacht, wenn sie ihrem Nachwuchs gelegentlich einmal handgreiflich etwas klarmachen wollten. Es wurde mir ein Fall berichtet, wo ein dreijähriger Knirps, wenn er etwas angestellt hatte, zu seinem „Bobby", einem starken Rüden, in die Hütte kroch. Dort holte ihn niemand heraus.

Gute und schlechte Eigenschaften

Sollten Neufundländer denn nur gute und überhaupt keine schlechten Eigenschaften haben, wird manch kritischer Leser fragen? Sicher gibt es auch Neufundländer, deren Charaktere zu wünschen übrig lassen. Es ist jedoch selten, daß ein Hund mit schlechten Anlagen geboren wird, in den meisten Fällen liegt es an der falschen Aufzucht, Erziehung und Haltung, die zu Wesensbeanstandungen führen.

So hatte ich den schon erwähnten Jonny erst als knapp Fünfjährigen bekommen. Er kam aus einer Kiesbaggergrube, wo er mit sechs anderen, kleineren Hunden gehalten wurde. Welche Stationen er aber hinter sich und welche Erfahrungen er dabei gesammelt hatte, das alles wußte ich nicht. Er erwies sich als ein liebes, verträgliches Tier, das sich der Familie schnell anschloß. Doch eines Tages lernten wir Jonny von einer weniger erfreulichen Seite kennen.

Das Tor war nach dem Weggang eines Besuchers offengeblieben, und Jonny ging auf Wanderschaft. Da er in der Nachbarschaft bekannt war, wurden wir telefonisch informiert und hatten ihn meist bald wieder. Doch von nun an entwischte er uns bei jeder sich bietenden Gelegenheit. Morgendliche Ausflüge waren meist von kurzer Dauer.

Ging er jedoch nachmittags fort, meldete er sich oft erst spät in der Nacht und wollte eingelassen werden. Erst nach Monaten erfuhren wir Jonnys Ausflugsziel.

Ein Gastwirt erzählte uns, daß der Hund sich oft zum Fernsehen einstellt. Zuerst versuchte man, ihn nach draußen zu bringen, doch unwirsches Knurren warnte die Gäste, und keiner wagte, ihm seinen Stammplatz streitig zu machen. Sobald das Programm zu Ende war, trollte Jonny sich wieder und kam – meist auf Umwegen – nach Hause. Die Ursachen für dies Verhalten erfuhren wir nicht, aber man konnte nun seine Eigenart einkalkulieren.

Wer paßt nicht zum Neufundländer?

Wenn wir uns im letzten Kapitel mit dem Wesen und den speziellen Eigenschaften des Neufundländers beschäftigt haben, so darf nicht vergessen werden, auch dem, der sich zum Kauf dieses Hundes entschließt, kurze Beachtung zu widmen.

Ein altes Sprichwort sagt: „Wie der Herr, so's Gescherr!" Das beschränkt sich nicht nur auf Gegenstände, es trifft auch in vollem Maße auf die in einer Familie lebenden Hunde zu. Tiere, die ich als Welpen abgegeben und nach Jahren als erwachsene Hunde wiedergesehen oder zurückgenommen habe, waren in den meisten Fällen wesensmäßig ein Spiegelbild ihrer Herren.

Diese Feststellung ist nicht nur im negativen Sinne zu verstehen. Derjenige, der sich für einen Neufundländer entscheidet, sollte sich selbst gewissenhaft prüfen, ob er die Voraussetzungen besitzt, die zur Haltung solch eines großen Tieres erforderlich sind.

Nervöse, reizbare oder jähzornige Menschen sind für diese Hunde ungeeignete Partner. Diese Bedingungen würden das ausgeglichene Wesen des Neufundländers ins Gegenteil verkehren.

Hat der Welpe von Natur aus keine besonders guten Nerven, dann wird er entweder zum Neurotiker und Angstbeißer, oder er wird, seinem Vorbild entsprechend, unberechenbar und aggressiv.

Solche Eigenschaften normalisieren sich erfahrungsgemäß, sobald „böse" Neufundländer zu neuen, im Wesen ausgeglichenen Herren und in eine andere Umgebung kommen.

Erwerb als Statussymbol

Ein gar nicht so seltener Grund, der zum Erwerb eines Neufundländers führt, ist Prestigedenken und Renommiersucht. Dieses Mensch-Hund-Verhältnis ist meist nicht von langer Dauer. Bald stellt man fest, daß das Tier, anders als das Auto in der Garage, betreut werden muß, was Zeit benötigt, die man nicht opfern kann oder gar will.

Das kurze Intermezzo endet oft in der bekannten Anzeige „Umständehalber in gute Hände abzugeben . . .!" Wo echte Liebe zum Tier und Verständnis für die damit verbundenen Anforderungen vorhanden sind, sind auch die Voraussetzungen gegeben, daß Herr (beziehungsweise Familie) und Hund miteinander glücklich werden.

Nachwuchs – fünf Tage alt

Vor dem Kauf

Grundsätzlich sollte man von jedem Interessenten erwarten, daß er vor dem Kauf sich die Mühe macht, verschiedene Zuchtstätten der Rasse seiner Wahl zu besuchen. (Die Anschriften aller im Deutschen Neufundländer-Klub [DNK] geführten Zwinger sind zu erhalten über die Zuchtbuchstelle des Klubs, deren Adresse Sie unter „Anschriften, die Sie kennen sollten", siehe Seite 99, finden).

Bei den Besuchen in den Zwingern ist festzustellen, daß Neufundländer nicht gleich Neufundländer ist. Die Zuchten unterscheiden sich im Typ, in der Größe, im Haarkleid, im Verhalten der Hunde und anderem. Aufbau und Größe der einzelnen Zwingeranlagen sind unterschiedlich. Wird in einem Zwinger nur mit einer Hündin gezüchtet, in einem anderen mit zweien oder mehr, so findet man in manchen Zwingern Rüden und Hündinnen zusammen. Hin und wieder hat man die Möglichkeit, in den Letztgenannten ganze Familien von den Großeltern bis zu den Enkeln anzutreffen.

Das verschafft einen guten Überblick, und man weiß in etwa, ob sich die Hunde aus dieser Zucht mit den Vorstellungen vom zukünftigen Hausgenossen decken.

Die Anzahl der in den einzelnen Zwingern gehaltenen Neufundländer hat selbstverständlich keinen Einfluß auf die Qualität der gezüchteten Hunde.

Besondere Aufmerksamkeit sollte beim Besuch dem Verhalten der Hunde, speziell dem der Welpen, geschenkt werden. Welpen, die sich beim Anblick der Besucher ängstlich in eine Ecke drücken, sind wahrscheinlich nie oder nur selten mit der streichelnden Hand des Züchters in Berührung gekommen, es sei denn, sie sind von Natur aus mißtrauisch und scheu. Wenn solche Welpen später auch sicherlich gute Wachhunde werden, so bringen sie doch in mancher Hinsicht Probleme. Sie entsprechen nicht dem Wesen des Neufundländers.

Ich nenne in diesem Zusammenhang bewußt keine kranken Welpen, da ich davon ausgehe, daß alle Züchter im DNK bestrebt sind, ihre Würfe unter optimalen Bedingungen aufzuziehen. Alle Tiere müssen bei der Abgabe entwurmt und gegen Staupe, Leptospirose, Hepatitis und Parvovirose geimpft sein.

Die Auswahl des Geschlechts

Nun erhebt sich die Frage Rüde oder Hündin? Der Rüde ist in der Regel stattlicher, er kann allerdings auch eigenwilliger sein. Er bedarf jedenfalls einer festen, konsequenten Hand. Die Hündin ist leichter zu lenken, achtsamer und nicht so ungestüm wie der Rüde, besonders im Umgang mit kleinen Kindern. Zweimal im Jahr, zur Zeit der Läufigkeit, darf sie nicht ohne Aufsicht gelassen werden. Die Veterinärmedizin ist jedoch im Besitz von wirksamen und für die Hündin unschädlichen Mitteln, die die Läufigkeit unterdrücken. Wer davon abgeschreckt wird und nun lieber einen Rüden wählt, dem muß ich ankündigen, daß der Rüde das ganze Jahr über läufig ist.

Die zukünftige Körperbeschaffenheit wie Größe, Kopfform, Augenfarbe, Gliedmaßenstellung, Haarstruktur kann beim Welpen noch nicht sicher beurteilt werden. Natürlich kann man davon ausgehen, daß ein großer, kräftiger Welpe auch ein starker Hund wird. Die weniger starken Tiere können jedoch ebenfalls große, kräftige Hunde werden. Es ist nicht selten, daß die stärksten Welpen im erwachsenen Stadium hinter den zunächst schwächeren Geschwistern zurückgeblieben sind. Die Aufzucht, Fütterung und Haltung bestimmen in

DEUTSCHER NEUFUNDLÄNDER-KLUB e. V.

(ehem. Neufundländer-Klub für den Kontinent, gegr. 1893) – Sitz München
Vom Verband für das Deutsche Hundewesen ältester, anerkannter, zuchtbuchführender Neufundländer-Klub

MITGLIED IM VDH UND DER FCI

AHNENTAFEL
für den Neufundländer

nach Prufung der Abstammung
eingetragen in das Zuchtbuch des DNK unter

NZB-Nr./Tat.Nr:

Geschlecht:

Farbe:

Wurftag:

Züchter:

Für die Richtigkeit der Wurfangaben ____________, den ______

Deutscher Neufundländer-Klub e.V. – Zuchtbuchstelle –

Unterschrift des Züchters ____________ Zuchtbuchführer ____________

Diese Ahnentafel ist gem. § 8 VDH-Zuchtordnung Eigentum des DNK e. V.

Vorderseite des vierseitigen Originalvordruckes

Vorsichtige Annäherung!

hohem Maße die körperliche Entwicklung des Junghundes. Was in der Jugend diesbezüglich versäumt wird, kann beim erwachsenen Hund nur noch schwer oder gar nicht mehr nachgeholt werden. Das Gespräch mit dem Züchter, sein gern gegebener Rat, sind bei der Entscheidung eine wertvolle Hilfe. Der aufmerksame Züchter kennt seine Welpen und weiß um die Veranlagung der einzelnen Tiere. So hat er die Möglichkeit, jedem Interessenten möglichst den zu ihm passenden Hund zu geben.

Das Abgabealter sollte zehn Wochen betragen.

Auf den Kauf eines Neufundländers beim Hundehandel brauche ich nicht näher einzugehen, da er dort so gut wie nie angeboten und verkauft wird.

Kein Züchter im DNK gibt seine Welpen Hundehändlern. Werden im Handel doch welche angeboten, kommen sie aus nicht seriösen Quellen des In- und Auslandes (Ahnentafel beachten, siehe Seite 37).

Haltung, Pflege und Aufzucht

Grundsätzlich sollte der Neufundländer im Freien und nicht in der Wohnung gehalten werden, denn im Hause aufgezogene Tiere entwickeln sich oft nicht gut. Sie sind in der Regel schlechte Fresser. Wegen der für sie zu warmen Zimmertemperatur, wegen nicht ausreichender Bewegung und zu wenig Sauerstoffaufnahme wachsen sie zu schmalbrüstigen, substanzarmen und nicht im Typ stehenden Hunden heran. Besonders auffällig ist oft das schlechte Gangwerk. Das Haar bleibt kurz und erneuert sich ständig. Bewußt oder unbewußt werden diese Hunde vom Umgang mit Artgenossen sorgsam abgeschirmt. Selten oder nie haben sie die Möglichkeit, Kontakte zu anderen Hunden zu knüpfen. Die Folge ist oft ein gestörtes Verhältnis zur Umwelt mit seinen Mensch und Hund belastenden Erscheinungsformen.

Artgerecht wächst der Neufundländer im Freien auf. Er braucht Bewegung, frische Luft, Wind, Regen und Sonne, von ihr allerdings nicht zuviel. Für ein schattiges Plätzchen muß im Sommer Sorge getragen werden. Die Aufzucht im Freien schließt nicht aus, daß der kleine und später erwachsene Hund auch mit ins Haus darf. Er muß sich dort genausogut auskennen wie in seinem Bereich außerhalb des Hauses.

Der Zwinger

Die Anlage eines Zwingers ist sehr ratsam. In ihm steht auch die Hütte des Hundes, dort wird er gefüttert. Der Aufenthalt im Zwinger sollte eine Selbstverständlichkeit sein; der Hund darf ihn nicht als unangenehm oder gar als Strafe empfinden. Es ist wichtig, den Zwinger so anzulegen, daß der Hund das Haus und seine Menschen sehen und beobachten kann. In einem Zwinger in der äußersten Ecke des Grundstücks wird sich kein Hund wohl fühlen. Sie werden ihn dort nur unter Zwang hineinbringen. Der dauernde Kontakt, das „Dabeisein", wenn auch nur mit den Augen, ist für den Hund das wichtigste. Daß er nicht nur im Zwinger gehalten wird, daß man ihm soviel Freiheit wie möglich gewährt, soll als selbstverständliches Erfordernis hier erwähnt sein.

Es gibt genug Gründe und Anlässe, die den Aufenthalt des Hundes im Zwinger notwendig machen. Kein noch so lieber Besuch ist begeistert, wird er vom Hund des Hauses von oben bis unten untersucht, ganz zu schweigen von den Menschen, die vor großen Hunden in panische Angst geraten. Daran können Freundschaften zerbrechen!

Die Unart des Hochspringens sollte man gar nicht erst aufkommen lassen. Den Welpen drückt man mit einem „Pfui!" hinunter, dem größeren Hund tritt man beim Aufsteilen unauffällig auf die Hinterpfoten, das schmerzt, und er wird das Anspringen bald unterlassen.

Haben Sie eine schöne Anlage mit Ziersträuchern, Blumen und gepflegtem Rasen? Ein frei gehaltener Neufundländer würde in absehbarer Zeit darin so viel Schaden anrichten, daß eine Neuanlage notwendig wird.

Heranwachsende Hunde lieben es, Sträucher und Blumen auszubuddeln. Der scharfe Urin der erwachsenen Tiere verbrennt Pflanzen und Rasen. Möchte man sich an einer schönen Anlage und an seinem Neufundländer gleichzeitig erfreuen, bleibt nur die Lösung über einen geräumigen und stabilen Zwinger. Einem ausgewachsenen und älter werdenden Neufundländer soll man allerdings, falls er ins Haus drängt, auch dort einen festen Platz zuweisen.

Der Zwinger sollte möglichst 20 m^2 groß sein. Als Untergrund sind Beton und Steine nicht zu empfehlen. Zum Sauberhalten ist das zwar praktisch, es führt aber oft zu Erkältungskrankheiten. Blasen- und Gebärmutterentzündungen, Rheuma und Gicht können sich bei zu kalter Unterlage einstellen. Besser ist eine Unterlage aus Holz oder Split.

Die Hüttenmaße: etwa 150 cm lang, 110 cm breit, 80 cm hoch. Das Einschlupfloch sollte 70 cm hoch, 35 cm breit und etwa 20 cm über dem Boden angebracht werden.

Wichtig ist eine gute Isolierung der Hütte. Der Standort muß vor Zugluft, Regen und praller Sonne geschützt sein. Empfehlenswert ist ein Flachdach, das vom Hund sehr gern als Liegeplatz benutzt wird, da er von hier aus eine bessere Übersicht über seine Umgebung hat.

Erziehung im Hause

Die ersten Tage, die Tage des Eingewöhnens, sind die wichtigsten. Gut ist es, wenn Sie aus dem Nest des Züchters etwas Stroh oder Unterlage mitbringen und in die neue Hütte legen. Der Hund wird sie dann eher annehmen.

Beim Aufenthalt in der Wohnung lassen Sie den Welpen zunächst nicht unbeobachtet. Beschäftigen Sie sich mit ihm. Wenn das nicht möglich ist, geben Sie ihm etwas zum Spielen (Büffelhautknochen, alten Schuh oder ähnliches). Er braucht etwas, an dem er seinen Tatendrang abreagieren kann, anderenfalls betätigt er sich als „Hilfs-Dekorateur" an Möbeln und Teppichen, und das besonders in der Zeit des Zahnwechsels. Dulden Sie nicht, daß er seinen Ruheplatz auf

In guter Obhut der Mutterhündin

den Polstermöbeln sucht. Geben Sie ihm einen zugfreien Platz auf einer Unterlage, und achten Sie darauf, daß er dort auch schläft.

Sobald er wach wird, bringen Sie ihn nach draußen, an den Platz, wo er sich entleeren soll. Dies sollte man vom ersten Tag an tun. Er wird dieses alles schnell begreifen. So hält man den Zwinger und die Umgebung des Hauses sauber, und auch der Aufenthalt in der Wohnung wird für ihn und Sie eine angenehme Abwechslung sein.

Halten Sie sich bezüglich der Fütterung an den Rat des Züchters, und füttern Sie vor allen Dingen nicht zuviel. Nicht Quantität, sondern die Qualität des gegebenen Futters trägt zum späteren Aussehen des Hundes entscheidend bei.

Viel zu selten wird der relativ hohe Bedarf an Calcium und Phosphor bei großen Hunden beachtet.

Seien Sie konsequent in der Erziehung. Der Hund sollte bei den Mahlzeiten grundsätzlich nicht nahe am Tisch sitzen, es sei denn, er ist bereits gefüttert und hält sich an dem ihm zugewiesenen Platz auf.

Erziehen Sie den „kleinen Kerl“ nicht mit Härte, er erträgt sie schlecht. Mit viel Liebe erreichen Sie alles bei ihm, auch wenn es im Anfangsstadium ein wenig länger dauert. Denken Sie immer daran, Sie haben einen Neufundländer gewählt, eine Persönlichkeit, und keinen „Augendiener“.

Die Leine

Viele Neufundländer werden nicht dort gehalten, wo sie unbegrenzten Auslauf haben. Oft leben sie in der Stadt oder am Stadtrand. Hier ist ganz besonders konsequente Erziehung notwendig, soll es nicht eines Tages heißen, Ihr Hund ist überfahren worden. An die Leine gewöhnen Sie ihn am besten gleich von Anfang an, und sie ist in der ersten Zeit Bedingung. Auch wenn er zunächst wie ein Böcklein springt oder sich auf den Bauch legt. Bald wird er wissen, daß er jetzt mit Ihnen spazierengehen darf, und das tun alle Neufundländer gern.

Die Kenntnis der Kommandos „Halt!“, „Komm!“, „Sitz!“ und „Bei Fuß!“ sind für den Hund lebensnotwendig. In diesem Zusammenhang sollte die Lernfreudigkeit des jungen Tieres genützt werden.

Das Tragen eines kleinen Korbes oder ähnlichen nimmt er sehr ernst, und er geht konzentriert und stolz neben Frauchen oder Herrchen. So erzieht man seinen jungen Hund zu einem sicheren Verkehrsteilnehmer, und bald wird er frei, ohne Leine, neben Ihnen durch den stärksten Verkehr gehen. Sicherlich ein schöner Anblick!

Geben Sie ihm aber auch die Gelegenheit, Kontakt mit Artgenossen aufzunehmen, damit er die richtigen Umgangsformen frühzeitig lernt. Gehen Sie auf Plätze, wo andere

Auch als Badekumpan kein Spielverderber

Hunde sind, und lassen Sie ihn von der Leine, damit er sich auch austoben kann.

Sollte er mal an einen „Griesgram" geraten, der nicht spielen mag oder der ihn beißt, schadet das gar nichts. Denn auch dies ist für seinen Entwicklungsprozeß wichtig.

Trotz Ihres schönen Hundes gewinnen Sie keine Freunde, wenn Nachbarn und Fußgänger in der Nähe Ihrer Wohnung im Zickzack über den Bürgersteig oder die Straße gehen müssen, um nicht in Kothaufen zu treten. Führen Sie Ihren jungen Hund konsequent an die Stelle, wo er, ohne Ärger zu erregen, seine Geschäfte verrichten kann. In kurzer Zeit wird er dies begriffen haben, und Ihre lieben Mitmenschen werden ihnen diese Rücksichtnahme zu danken wissen.

Körperpflege

An die Körperpflege gewöhnen Sie Ihren Hund möglichst früh. Je nach Haarstruktur kämmen und bürsten Sie ihn. Dichtes und welliges Haar müssen Sie öfter kämmen als glattes Schlichthaar. Achten Sie besonders auf die Stellen hinter den Ohren, an Brust, Achselhöhlen und Hinterhand,

Ausflug ins Freie

Wohin führt der Weg?

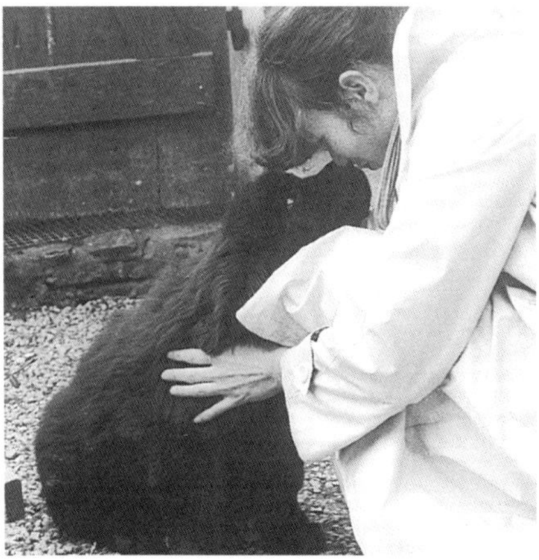

Zaghafter Annäherungsversuch

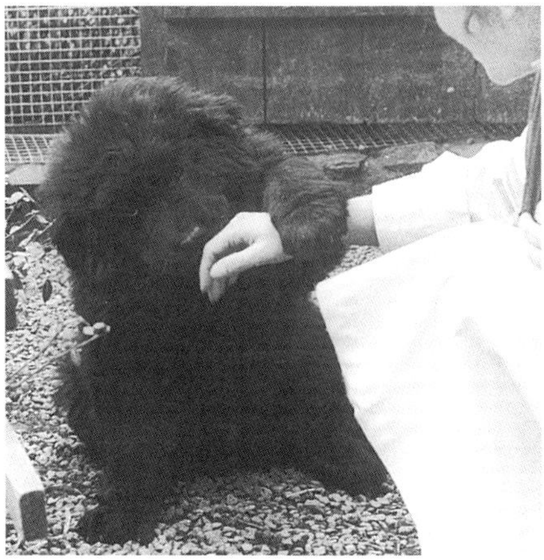

Beide scheinen sich zu mögen

denn dort verfilzt sich das Haar sehr schnell.

Kontrollieren Sie nach dem Kämmen auch immer wieder das Gebiß des Hundes, damit er sich daran gewöhnt, auch vom Tierarzt oder auf Ausstellungen vom Richter sein Gebiß untersuchen zu lassen.

Fahren und Laufen

Sitzt der kleine Kerl mit im Auto, so fahren Sie die ersten Male vorsichtig und nicht zu schnell, damit ihn plötzliches Bremsen oder Anfahren nicht erschreckt.

Bei den ersten Spaziergängen sollten Sie die noch kleinen Beine Ihres Hundes nicht überfordern. Mag der Hinweg für ihn noch gehen, der Rückweg ist oft schon zuviel, und der Hund kann überanstrengt werden. Alles, was Sie ihrem Hund im Welpen- und Junghundalter beibringen, lernt er leicht und spielend. Je später Sie mit der „richtigen" Erziehung anfangen, um so schwerer wird es für Sie und ihn. Denn: „Was Hänschen nicht lernt, lernt Hans nur schwer oder nimmermehr."

Arbeits- und Verwendungsmöglichkeiten

Über die Verwendung des Neufundländers bei der Arbeit, besonders am und im Wasser, möchte ich zunächst wieder Prof. Heim zu Wort kommen lassen, der schreibt, „daß die Wasserleidenschaft besonders der Schwarzen ein altes Erbgut ist. Sie bringen Holz, das sie im Wasser finden oder das man ihnen zuwirft, von selbst an Land, wo sie es niederlegen, bringen es aber nicht ohne besonderen Befehl dem Herrn zurück. Sie gehen vielmehr sofort wieder ins Wasser. Ich bin schon mehrmals mit Achtwöchigen an den Rand eines Weihers oder an eine Flachuferstelle des Sees gegangen. Ohne Besinnen, wie als etwas Selbstverständliches, tappen sie in lustigen Sprüngen sofort ins Wasser, bis es ihnen zum Stehen zu tief wird, und einige vom Wurfe schwimmen sofort hinaus, ohne daß sie das jemals von ihren Eltern oder anderen Tieren gesehen hatten. Werfe ich nun ein Stück Holz einige Meter weit hinaus, so schwimmen sie sofort hin und apportieren es, bis sie es auf dem trokkenen Boden ablegen können. Das ist der geborene Wasserarbeiter!

Man darf zu diesen Wasserübungen nur schwimmende Körper verwenden. Dieselben sollen wechseln: Stock, Paket, Ruder, Brett, dann Puppe etc. Steine darf man nur dann werfen, wenn man dem Hund die Stelle zeigen will, wo ein Gegenstand liegt, den er aus dem Auge verloren hat oder vor der blendenden Spiegelung des Wassers nicht sieht. Bald lernt er auch zu verstehen, wenn man ihm von weitem mit der Hand die Richtung angibt, in welcher er zu suchen hat... Junge Neufundländer, die über ein Jahr geworden waren, ohne an ein Wasser zu kommen, benahmen sich erst scheu. Wenn ich aber selbst mit ihnen ins Wasser ging, so schwammen sie mir bald nach, und nach einer halben Stunde sprangen sie schon ins Wasser, um einen 20 bis 30 Meter weit hinausgeworfenen Stock zu holen...

Der Hund soll, wenn er einen Gegenstand im Wasser schwimmen oder hineinfallen sieht, sofort, ohne Befehl abzuwarten, hineinspringen und die Rettung versuchen. Es ist seine Sache, zu sehen, wo er hinein und wo er wieder herauskommen kann."

Heim erzählt dann von seinem Hund Wodan: „Wodan holte alles, sei es aus dem reißenden Fluß oder aus

Wer ist der Schönste? ▶

dem sturmgepeitschten See. War ein anderer badender Hund im Wasser, so sprang er hinein, schwamm auf ihn zu, packte ihn am Genick und trug ihn ans Ufer. Einer Ziege, die am Ufer des Zuger Sees vor Schreck über Wodan über einen Felsen in den See gesprungen war, sprang er sofort nach, faßte sie trotz Zappelns am Genick, schwamm mit ihr an eine flache Uferstelle und ließ sie erst wieder auf festem Boden frei." Soweit Prof. Heim.

Neufundländer als Lebensretter

Daß dieser Schwimm- und Rettungstrieb auch in unseren Hunden noch vorhanden ist, mag folgende Begebenheit unterstreichen:

Einer unserer Rüden kam zu Besitzern, deren Grundstück auf einer Seite durch einen kleinen Fluß begrenzt war. Mit Einsetzen der Schneeschmelze führte er Hochwasser. Zwischen Haus und Wasser spielten kleine Kinder. Auch der Zwinger des Rüden mußte verlegt werden. Ihn hatte man mit einem Seil an seine jetzt freistehende Hütte angebunden. Der Hund sah dem Treiben der Kinder zu. Plötzlich rutschte eines am glitschigen Ufer aus und fiel ins Wasser. Zuerst konnte das Kind sich noch am Ufer festhalten, doch dann trieb die starke Strömung das Kind ab. Entsetztes Schreien ließ Erwachsene herbeieilen. Zur Rettung kamen sie jedoch

Neufundländer in seinem Element!

Als Blindenhund
auf einem Übungsweg

zu spät. Gut 50 Meter flußabwärts schwamm der Neufundländer und mühte sich, das Mädchen ans Ufer zu bringen. Seine Hütte, an die er angebunden war, tanzte neben ihm auf dem Wasser und behinderte ihn bei der Bergung. Die Menschen halfen dem Tier. Der Schwarze war der Held des Tages.

Der Blindenführhund

Eine andere Tätigkeit, für die Neufundländer sich ihres Wesens wegen geradezu anbieten, ist die Arbeit als Blindenführhund. Wie ein Kriegsblinder mir erzählte, ist der Neufundländer mit Abstand der beste Führhund. Er „wächst in seine Aufgabe hinein", während andere Hunde, zum Beispiel der Schäferhund, für diese Arbeit abgerichtet werden müssen. Wenn man den Neufundländer in dieser Eigenschaft relativ selten sieht, so liegt das wohl an mehreren Faktoren, beispielsweise an den Kosten, die für einen einsatzfähigen Hund aufgebracht werden müssen, an den nicht unerheblichen Unterhaltskosten und nicht zuletzt an seiner Größe, die jeweils geräumige Platzverhältnisse voraussetzt.

Eignet sich der Neufundländer auch zum Gebrauchshund?

Ja und nein! Ja, weil sich dazu jeder gesunde und kräftige Hund eignet, der über intakte Nerven, Ausdauer und Arbeitslust verfügt. Gehorsamkeitsübungen, Fährtenarbeit und Apportieren machen dem Neufundländer Freude, er lernt dies schnell und gut.

Nein, wenn es um die Arbeit am Mann geht. In den meisten Fällen tritt eine Veränderung des Wesens ein. Der von Natur aus doch gutmütige Neufundländer wird durch diese Arbeit sehr eigenwillig und auch aggressiv. Hat er dann nicht die feste Hand seines Herrn, so wird seine Haltung schwierig, und fast immer nehmen die auf den Mann abgerichteten Neufundländer ein frühzeitiges und trauriges Ende.

Britta, eine eineinhalbjährige kräftige, jedoch sehr zurückhaltende Neufundländerin, saß mit ihrem Herrn am Rande eines Übungsplatzes, und beide sahen dem Treiben auf dem Gelände zu. Der Übungsleiter gesellte sich zu ihnen, und im Gespräch machte er den Vorschlag, die Hündin möge doch mitmachen, obwohl er Neufundländer zum Abrichten ungeeignet fand. Er rief einen Figuranten herbei und bat ihn, die Hündin einmal auszuprobieren.

Herrchen schlug das Herz bis zum Halse. Würde seine Britta reagieren, oder würde sie Fersengeld geben? Der Figurant stellte sich vor Britta, drohte ihr und hob den Stock. Der war noch nicht ganz oben, da hing die Hündin bereits am Arm des Figuranten und riß mit einem Ruck den Armschutz herunter. Mit einem Hechtsprung erreichte Herrchen seine Hündin, die sich noch nicht zufriedengeben wollte, bevor sie wieder zubeißen konnte. Trotz ihrer Zurückhaltung hatte sie sofort reagiert. Sie war eine stets zuverlässige Beschützerin ihrer Familie.

Ivan und Illo, zwei zweijährige Neufundländerrüden, sollten noch etwas lernen.

Zu diesem Zweck ging ihr Herr mit ihnen auf einen Abrichteplatz und übte in der Gemeinschaft mit anderen Gebrauchshunden.

An dem Tag, als die beiden zum ersten Mal am Figurant gearbeitet hatten, wurden sie, als die Übung für sie zu Ende war, mit einer Doppelleine an einen Baum gebunden. Nach etwa einer halben Stunde ging der Figurant – jetzt ohne Schutzbekleidung – durch die Reihe der abgelegten Hunde zu seinem Wagen, um nach Hause zu fahren.

Als er die beiden Neufundländer passieren wollte, flogen beide Rüden ohne Vorwarnung hoch, die Leine zerriß, und sie stürzten sich auf den Mann. Nur mit Mühe konnten der

Voller Aufmerksamkeit!

Besitzer und sein Helfer die beiden wieder unter Kontrolle bekommen. Bis auf die zerrissene Kleidung ging diese Geschichte noch glimpflich ab.

Britta demonstrierte die Kraft, die in den Kiefern des Neufundländers steckt, Iwan und Illo zeigten durch ihre Reaktion, daß sie die Arbeit sehr ernst genommen hatten. Ohne Kommando griffen sie sofort den vermeintlichen Bösewicht an, ein Beweis für die vorhandene Anlage zum selbständigen Handeln.

Ich möchte diesen Abschnitt beschließen mit dem Rat, keine Dressur auf den Mann durchzuführen. Dies gilt besonders für den Rüden. Selbstverständlich gibt es auch Neufundländer, denen Angreifen und Zupacken fremd ist, Neufundländer, die durch nichts in Aktion zu bringen sind.

Verantwortung des Züchters

Immer mehr Menschen ziehen aus der Großstadtenge aufs Land. Sie möchten in der Natur leben. Als Ausgleich zum Berufsalltag verbringen sie die Freizeit mit sinnvoller Beschäftigung im eigenen Heim, im Garten und nicht zuletzt im Zusammenleben mit Tieren. Für viele steht hier der Hund an erster Stelle. Und immer häufiger wird ein großes Tier, zum Beispiel ein Neufundländer, gewünscht. Seiner Größe wegen ist aber die Haltung eines Neufundländers nicht überall und in jeder Familie möglich. Der Mieter einer Wohnung im vierten Stock eines Hauses hatte die Absicht, dort auch einen Neufundländer unterzubringen. Die 3-m²-Hütte auf dem Balkon war schon aufgestellt. Da es sich zum Glück um einen vernünftigen Argumenten gegenüber einsichtigen Mann handelte, zog hier jedenfalls kein Neufundländer ein. Daß es sich in diesem Falle um einen echten

Posieren fürs Familienalbum

Liebhaber der Neufundländer handelte, beweist sein erneutes Bemühen nach Jahren. Das Eigenheim mit geplantem Platz für Neufundländer war im Entstehen. Hier gibt jeder Züchter Jungtiere mit Freuden hin.

Über die positive Entwicklung des Interesses an unseren Hunden dürfen wir uns freuen. Im Zusammenhang damit werden jedoch auch Erscheinungen registriert, die der weiteren gesunden Fortentwicklung unserer Rasse nicht dienlich sind. In erster Linie sei hier an die Aufzucht großer Würfe gedacht.

Bis zum Inkrafttreten des Tierschutzgesetzes 1972 durften in den meisten Verbänden, in denen große Hunde gezüchtet wurden, aus einem Wurf nur sechs Welpen dem Muttertier belassen bleiben, so daß nur die kräftigsten und vitalsten Welpen aufgezogen wurden. Diese Anzahl garantierte gleichzeitig, daß alle Welpen in den ersten Lebenswochen von der für sie notwendigen Muttermilch ausreichend bekamen. Die Welpen konnten von der Mutter auch in jeder anderen Hinsicht, zum Beispiel Sauberhalten, Massage usw., gut betreut werden. In den meisten Fällen brauchte sich der Züchter nur um die Mutterhündin, nicht aber um die Welpen zu kümmern.

Diese unter natürlichen Bedingungen aufgezogenen Tiere wuchsen zu gesunden und kräftigen Hunden heran, die heute in ihrer Erscheinungsform auffallen und bei den Betrachtern den Wunsch wecken, selbst solch einen großen, schönen Hund zu besitzen.

Im neuen Tierschutzgesetz heißt es unter § 17, 1, daß „kein Wirbeltier ohne vernünftigen Grund" getötet werden darf. Eine eindeutige, verbindliche Definition, wann ein vernünftiger Grund vorliegt, sind uns meines Wissens die Juristen bis heute allerdings schuldig geblieben.

Würfe von zehn Welpen und mehr sind bei unseren Hunden keine Ausnahme, eher die Regel.

Schauen wir einmal in eine Wurfkiste mit zwölf Welpen. Was spielt sich darin ab, wenn der Züchter nicht regulierend eingreift?

Von der Geburt des ersten bis zum letzten Welpen vergehen in der Regel acht bis zehn Stunden. Es ist ein quirlender, fiepender Haufen kleiner Leiber, die Hunger haben und frieren. Dieses Bild ändert sich auch in der Folgezeit wenig. Bis auf die stärksten Welpen, die sich an der Milchquelle durchsetzen, bleiben die übrigen hungrig. In diesem Nest gibt es keine Ruhe.

Die Mutter wird nervös, steht oft auf, und beim Hinlegen werden Welpen erdrückt, meist die, die hungrig sind und sich außerhalb des Nestes befinden. Diese Würfe reduzieren sich von selbst bis auf Normalstärke. Eine natürliche Auslese, sicherlich hart, aber zur gesunden Erhaltung der Art unerläßlich.

Hier greift nun der Mensch aus manchen Gründen ein. Da haben wir das Tierschutzgesetz, das zuvor erwähnt wurde. Des weiteren ist hier eine übersteigerte Tierliebe zu nennen, die nicht zuläßt, daß schwache Welpen getötet werden, falls sie nicht von selbst eingehen. Ein weiterer Grund sind möglicherweise auch die finanziellen Einbußen, die dem Züchter natürlich entstehen, wenn der Wurf, aus welchen Gründen auch immer, reduziert wird.

Eine beeindruckende Erscheinung, so ein erwachsener Neufundländer

Begleiten wir einen großen Wurf von zwölf Welpen während der ersten zwei Monate. Der Züchter wird zuerst versuchen, eine passende Amme für die Hälfte des Wurfes zu finden. Hat er das Glück und nimmt die Amme die Kleinen auch an (was nicht selbstverständlich ist), so ist alles in Ordnung, und die Welpen werden gesund aufgezogen. Doch oft passiert es, daß alle Welpen nach einigen Tagen tot sind, weil die Ammenmilch in ihrer Zusammensetzung für die Kleinen ungeeignet war.

Ist keine Amme vorhanden, geht der Züchter folgendermaßen vor: Er teilt den Wurf und legt die Welpen im Wechsel an. Die Mutter wird durch den dauernden Saugreiz veranlaßt, mehr Milch zu produzieren. So werden die ersten Tage überstanden. Die meisten Hündinnen sind jedoch nicht in der Lage, den zunehmenden Hunger von zwölf Welpen zu befriedigen. Das geht über ihre Leistungsfähigkeit. Nun wird mit der Flasche zugefüttert, alle zwei oder vier Stunden, Tag und Nacht. Nach anfänglichem zufriedenen Sattsein fangen die Welpen bald wieder zu quengeln an und bekommen dicke Bäuche. Da die massierende Zunge der Mutter fehlt, können sie sich nicht entleeren. Mit Microklist und anderem wird hier abgeholfen, was andererseits bei unvorsichtiger Dosierung zu Durchfall und zur Schwächung des kleinen Organismus führt. Nach den ersten drei Wochen verlangen die Welpen nach fester Kost. Da sie in der Regel untergewichtig sind, werden sie jetzt reichlich gefüttert, mit dem Erfolg, daß die weichen Knochen und Sehnen dem Gewichtszuwachs, der nun einsetzt, nicht standhalten können. Die Tiere „treten durch", das heißt, die Fesseln sind zu schwach, um den Körper des Tieres zu tragen, und geben nach. Daß diese geschilderte Aufzucht nicht ohne die ständige Hilfe des Tierarztes vonstatten geht, versteht sich von selbst. Die Mehrzahl derart aufgezogener Welpen erreicht im ausgewachsenen Stadium weder die Größe noch das Gewicht eines normalen Neufundländers.

Ist es schon für einen erfahrenen Züchter schwierig, einen solchen Wurf einigermaßen gesund aufzuziehen, wie wird der Anfänger mit diesen Problemen fertig? Die Mehrzahl solch großer Würfe wird von Anfängern aufgezogen. Daß dabei auch deren Gesundheit Schaden nehmen kann, haben einzelne Züchter bereits erfahren müssen. Ein ehrlicher Kommentar von dieser Seite: „Einmal und nie wieder!"

Abschließend möchte ich in diesem Zusammenhang an diejenigen appellieren, die züchten wollen. Der Züchter allein trägt die Verantwortung für seine Würfe. Denn sie tragen seinen Namen, sein Können als Züchter wird an diesen Tieren gemessen werden. Er muß bei all seinen Planungen und Erwägungen eine disziplinierte Einstellung zur Gesamtzucht der Rasse und zu deren gesundem Fortbestand besitzen. Ziehen Sie keine schwachen und lebensunfähigen Welpen auf, die Auswirkungen dieser falsch verstandenen Tierliebe werden sich in späteren Generationen sehr zum Schaden der Rasse bemerkbar machen.

Noch ist der Neufundländer in den Wartezimmern der Tierärzte ein relativ seltener Gast. Wir sollten alles daransetzen, daß dies auch in Zukunft so bleibt.

An dieser Stelle sollen die dieses Problem betreffenden Abschnitte aus den Zuchtbestimmungen des Verbandes für das Deutsche Hundewesen e.V. (VDH), Sitz Dortmund, zitiert werden, die sich sinngemäß mit meinen Ausführungen decken:

Häufigkeit der Zuchtverwendung

Über die Zuchtverwendung der Rüden und Hündinnen erlassen die Zuchtleitungen der Zuchtvereine für die jeweilige Rasse geltende Bestimmungen. Dabei ist die Grundauffassung des Verbandes wie auch des deutschen Tierschutzes zu beachten, die dahin geht, daß Rüden wie auch Hündinnen nur so weit zur Zucht zu verwenden sind, wie die Gewähr dafür gegeben ist, daß die Elterntiere selbst nicht überfordert werden und daß für die Nachzucht mit Sicherheit eine qualitätsvolle Entwicklung erwartet werden kann. Im allgemeinen soll einer Hündin nur einmal im Jahr ein Wurf zugemutet werden. Die Zuchtvereine sind verpflichtet, eine Ausbeutung der Zuchttiere, ganz gleichgültig in welcher Form, auf jeden Fall zu verhindern.

Wurfstärke

Der Zuchthündin sollen zur Aufzucht nur so viele Welpen belassen werden, wie es ihre Kondition und Aufzuchtsbedingungen zulassen. Die Rassehundezuchtvereine entscheiden darüber in eigener Zuständigkeit. Ammenaufzucht und die Aufzucht mit künstlichen Nährmitteln bedürfen einer Überwachung und der Zustimmung des zuständigen Rassehundezuchtvereins. Unabhängig von der Stärke des Wurfes sind Welpen mit anatomischen Mißbildungen nicht am Leben zu belassen.

Hätten die Väter des neuen Tierschutzgesetzes aus eigener Erfahrung Kenntnis über die Problematik bei der Geburt und der Aufzucht ganzer Würfe bei Großhundrassen, ich bin sicher, der § 17, 1 des Tierschutzgesetzes hätte eine andere und präzisere Fassung erhalten. Auch für den Tierarzt ist es sicherlich leichter, einige Tage alte und noch ohne Daseinsbewußtsein lebende Welpen, die aufgrund ihrer Konstitution nur wenig Überlebenschancen haben, zu töten, als halbwüchsige oder gar erwachsene Tiere, ganz gleich aus welchem Grund, zu erlösen.

Die Hüftgelenksdysplasie (HD)

Dieses Buch wäre nicht vollständig, würden nicht die Gebrechen angesprochen, die unsere Hunde aufweisen können. Wenn es auch keine spezifischen Neufundländer-Leiden sind, so muß doch in diesem Zusammenhang die Hüftgelenksdysplasie erläutert und etwas näher beschrieben werden.

Die Hüftgelenksdysplasie tritt hauptsächlich bei mittelgroßen und großen Hunderassen in Erscheinung. Sie ist eine erbliche, krankhafte Verformung der Hüftgelenke, die in schwerem Stadium sehr schmerzhaft sein kann. Die Erscheinungsform ist nicht einheitlich, beschwerliches Aufstehen, schnelles Ermüden bei längerem Laufen, schlaffe Muskulatur der Hinterhand lassen auf diese Krankheit schließen. Es gibt allerdings auch Tiere mit mittlerer oder selbst schwerer HD, die in der Bewegung kaum behindert sind. Hier kann einzig die

Ein stolzer Rüde aus Neufundland

Röntgendiagnose die Krankheit nachweisen. Diese Merkwürdigkeit konnte bisher ebensowenig erklärt werden wie der Erbgang der HD. Kein Züchter kann beim Verkauf seiner Welpen eine Garantie für deren HD-Freiheit übernehmen, da in diesem Alter ein Befall noch nicht nachweisbar ist.

Sicher wird der Verlauf und die Schwere der Erkrankung durch Umweltfaktoren wie Aufzuchtfehler und Haltung stark beeinflußt. Seit zehn Jahren wird züchterisch dieser Krankheit entgegengewirkt, zum Beispiel durch ausreichende Vitamin- und Mineralstoffversorgung, knappe Fütterung während des Wachstums, regelmäßiges Training ohne ungewohnt starke Belastungen. Die Fortschritte, die in dieser Zeit erzielt wurden, lassen uns doch hoffen, diese Krankheit in absehbarer Zeit so weit zurückdrängen zu können, daß sie keine entscheidende Rolle mehr spielt.

Alle Zuchttiere müssen, bevor sie in der Zucht eingesetzt werden, auf HD geröntgt sein. Bei der Paarung muß ein Partner HD-frei sein, der andere darf zur Zeit noch bis zu leichte HD aufweisen. Vielleicht ist der Ablauf der HD-Bekämpfung bei unseren Neufundländern etwas langsamer als bei anderen Rassen. Das Ziel ist es, gesunde Hüftgelenke und sowohl phäno- als auch genotypisch einwandfreie standardgerechte Neufundländer zu züchten.

Hundeausstellungen

Für den Hundebesitzer, der sportliche oder züchterische Ambitionen hat, sind nachstehende Ausführungen geschrieben.

Wer mit seinem Hund im Deutschen Neufundländer-Klub (DNK) züchten will, muß ihn auf einer Ausstellung in der Offenen Klasse einem Spezialrichter des DNK vorstellen. Dieser stellt dann fest, ob der Hund keine zuchtausschließenden Fehler aufweist, ob er zuchttauglich ist. Wer nicht züchten will, sollte seinen Hund trotzdem ausstellen. Immer mehr Hundebesitzer bringen ihre Tiere aus Freude an der Sache zur Ausstellung und tragen so dazu bei, daß Züchter und Zuchtverbände der einzelnen Rassen einen breiten Überblick über den Stand der Rasse erhalten. Für

Wer wird bei der Bewertung einen Preis erhalten?

beide, für den angehenden Züchter wie auch den Sportler, gilt der Rat eines erfahrenen Richters und Richterobmannes, Fred Glaser, Saarbrükken, den wir nachstehend veröffentlichen.

Den Hund präsentieren – aber wie?

Sie haben von einer Rassehundezuchtschau gehört und gelesen und wollen Ihr Tier bewerten lassen. Dazu schreiben Sie an die Ausstellungsleitung dieser Zuchtschau und fordern Meldepapiere an. Wenige Tage später erhalten Sie das Gewünschte. Der Prospekt informiert über alles Wissenswerte, den Meldezettel füllen Sie aus und senden ihn nach Überweisung der Meldegebühren zurück. Aus dem Prospekt geht übrigens auch hervor, an welchem Tag einer evtl. mehrtägigen Ausstellung Ihr Hund beim Vorführen an der Reihe ist.

Vor der Rassehundezuchtschau muß geübt werden

Sie leinen den Hund an und führen ihn in Schritt und Trab an Ihrer linken Seite. Halten Sie die Leine mit der rechten Hand, die linke brauchen Sie während der Übung zum Streicheln. Ist Ihr Tier keinen Straßenverkehr, fremde Menschen und keine anderen Hunde gewöhnt, müssen Sie auch das mit ihm üben. Führen Sie ihn allmählich an verkehrsreiche Straßen und Plätze heran, lassen Sie sich Zeit, vermeiden Sie jede Gewalt! Das wird Ihnen auf der Ausstellung sehr helfen.

Bringen Sie Ihrem Tier das Kommando „Sitz!“ bei: Bleiben Sie während der Übung öfter stehen, und drücken Sie mit der linken Hand auf die Kruppe, wenn Sie das Kommando geben. Der Hund wird sich bald gern setzen, denn er entlastet die Muskulatur. – „Platz“ machen, sich also legen, soll er dabei nicht.

Beherrscht Ihr Neufundländer diese Übung, beginnen Sie, ihn an das „Zähnezeigen“ zu gewöhnen: Greifen Sie, rechts vom Hund stehend, mit der linken offenen Hand unter seinen Unterkiefer, und ziehen Sie mit Daumen und Ringfinger die Lefzen nach unten. Der Zeigefinger schiebt dabei den vorderen Teil der Lefze nach unten weg, so daß die Zähne des Unterkiefers gut sichtbar sind. Beginnen Sie behutsam, und lassen Sie Ihr Tier nicht mißtrauisch werden. Führen Sie diese Übung so lange durch, bis der Hund keine Abwehrreaktion mehr zeigt. Hier darf nie hastig oder mit Gewalt gearbeitet werden.

Der Richter wird aber alle Zähne Ihres Hundes sehen wollen, darum müssen Sie die Übung auch auf die Oberschnauze ausdehnen: Mit den Fingern der rechten Hand heben Sie die Oberlefzen, Daumen links der

Schnauze, Mittel-, Ring- und kleiner Finger rechts. Der Zeigefinger zieht die Oberlippe über den Schneidezähnen hoch.

Beherrschen beide, Herr und Hund, solche Notwendigkeiten, gewöhnen Sie das Tier an die „Paradestellung": Aus dem Schritt, Hund an der linken Seite, kommt das Kommando „Paß auf!" Der Hund steht nun frei, die vorderen Läufe parallel, den Kopf hoch erhoben, den Rücken straff, die hinteren Läufe leicht versetzt. Diese Stellung sollte er eine Weile aushalten. Beim Üben hilft Ihnen, wenn Sie, hinter dem Tier stehend, in ein vor Ihnen liegendes Gebüsch ein Steinchen werfen, das beim Herabfallen Blätterrascheln verursacht.

Werden diese Grundübungen, die Sie mit Ihrem Hund einmal am Tag durchführen sollten, gekonnt, haben Sie die Erfordernisse für das Vorführen im Ring erfüllt.

Drei Tage vor Ausstellungsbeginn führen Sie Ihr Tier dem örtlichen Regierungsveterinär vor. Er bescheinigt, daß der Hund keine Tollwut hat. Danach kämmen und bürsten Sie Ihr Tier besonders sorgfältig und säubern seine Afterregion.

Am Tage der Ausstellung finden Sie sich etwa eine Stunde vor Beginn des Richtens mit ihrem Hund ein. Bevor Sie auf das Gelände gehen, geben Sie dem Tier Gelegenheit, auszulaufen und sich zu lösen. Das Tier lockert sich beim Lauf, und das Kotabsetzen bringt ihm Erleichterung. Sie erreichen überdies, daß das Ausstellungsgelände und der Ring sauber bleiben.

Beim Einlaß kommt es in der Regel zum Gedränge, aber daran ist Ihr Tier ja durch die Übung mit ihm gewöhnt. Reden Sie trotzdem beruhigend mit Ihrem Hund, jetzt braucht er Sie! Zeigen Sie Ihre Annahmekarte vor und lassen Sie sich den Katalog aushändigen. Der Eingang für Besucher, zum Beispiel Ihrer Familienangehörigen, befindet sich meist an anderer Stelle. Zweckmäßigerweise kauft Ihre Begleitung zuerst die Eintrittskarte und trifft sich mit Ihnen dann gleich hinter dem Einlaß, weil Sie mit Ihrem Hund genug beschäftigt sind.

Wollen Sie Suchen vermeiden, macht Ihre Begleitung zuerst die Boxennummer ausfindig, sucht die Box und geht zusammen mit Ihnen hin. Sie finden dort eine Nummernkarte. Heften Sie sie gut sichtbar an. Bringen Sie nun Ihr Tier unter, machen Sie sich mit Ihren Boxennachbarn bekannt und nehmen Sie auf einem mitgebrachten Stühlchen Platz. Vorteilhaft ist, wenn Ihr Hund auf einer im vertrauten Unterlage (Decke) liegt, er ist dann ruhiger. Leinen Sie ihn in der Box derart an, daß er sich bequem hinlegen kann.

Ab neun Uhr beginnt meist das Richten. Bis dahin haben Sie den Ring ausfindig gemacht, die Ringnummer

Ich sehe alles!

ist im Katalog angegeben. Am Ring finden Sie den Sonderleiter, der auch Ihre Fragen beantwortet. Wenn nicht Hündinnen und Rüden gleichzeitig in zwei Ringen gerichtet werden, beginnt das Richten mit den Rüden in der „Offenen Klasse".

Begeben Sie sich etwa zehn Minuten vor Beginn des Richtens der Klasse, in der Ihr Tier gemeldet ist, an den Ring. Warten Sie, bis der Sonderleiter Ihre Katalognummer aufruft. Danach betreten Sie mit Ihrem angeleinten Hund den Ring und stellen sich so, daß ihre an gut sichtbarer Stelle befindliche Katalognummer vom Sonderleiter erkannt werden kann.

Sind alle Teilnehmer im Ring versammelt, beginnt die Einzelwertung: Jetzt warten Sie am Rand des Ringes auf Ihren Aufruf. Stellen Sie sich sodann mit Ihrem Tier vor den Richter und wenden Sie das an, was Sie geübt haben.

Sie hören die Bewertung mit, denn ein guter Richter richtet laut. Danach warten Sie erneut, bis alle Tiere der

Klasse beurteilt sind. Zum Schluß wird der Richter Sie bitten, im Ring Aufstellung zu nehmen, und nun heißt es für Sie noch einmal, sich zu konzentrieren. Präsentieren Sie Ihren Hund beim Hintereinander-Rundgehen in bester Form. Feuern Sie Ihren Hund an, denn nun geht es um Sieg oder Plazierung.

Der Richter wird die Bewegungsabläufe der einzelnen Tiere vergleichen und die seinem Eindruck gemäßen Fehlerpunkte abziehen. Er ordnet nach seiner Bewertung. Danach wird er sein Urteil begründen. Seien Sie nun sportlich und nehmen Sie die Bewertung widerspruchslos hin. Natürlich ist Ihr Tier für Sie am schönsten, das ist selbstverständlich. Das Auge des Fachmanns aber erkennt Fehler, die bei anderen Tieren nicht vorhanden sind. Deswegen stehen diese in der Plazierung dann eben vor Ihrem Hund. Das hat mit dem Wesen Ihres Tieres absolut nichts zu tun und auch nicht mit dem Wert, mit dem Sie es messen. Hier wird für die Zucht entschieden, und dazu ist nun einmal nicht jeder Hund gleich gut geeignet. Bringen Sie Ihr Tier nun zur Box zurück und seien Sie besonders gut zu ihm. Geben Sie jetzt auch Wasser und Futter.

Nach dem Richten aller Tiere werden Sie erneut aufgerufen. Sie nehmen dann Urkunde und Erinnerungsgeschenk in Empfang. Sodann haben beide, Herr und Hund, den Ausstellungstag überstanden, und, gleich wie Sie abgeschnitten haben, es wird jeweils ein erlebnisreicher Tag für Sie beide gewesen sein.

Rassekennzeichen des Neufundländers und Landseers

I Neufundländer

Allgemeine Erscheinung. Der Neufundländer soll den Eindruck eines großen, starken, dabei jedoch behenden und reaktionsstarken Hundes hervorrufen, der sich leicht und fördernd auf seinen Läufen bewegt. Eine leichte seitliche Schwingung des Rumpfes im Gange ist nicht zu verwerfen.

Farbe. Der Neufundländer ist vorherrschend ganz schwarz oder schwarz mit rostbraunem Anflug, seltener auch ganz braun. Erlaubte Farben sind: Schwarz, Braun, aber auch Schwarzweiß. Bei den Schwarzen und den Braunen sind nicht zu beanstanden kleine symmetrische weiße Abzeichen an Brust, Zehen und Rutenspitze.

Bei den Schwarzweißen ist die Grundfarbe ein klares Weiß mit zerrissenen schwarzen Platten auf der Rumpf- und Kruppenpartie. Der Hals, die Vorbrust, der Bauch, die Läufe und die Rute müssen weiß sein. Der Kopf ist schwarz. Als Zuchtfestigung gilt eine weiße Schnauzenpartie mit einer weißen symmetrischen, nicht zu breiten, durchgezogenen weißen Blesse. Rußflecken im weißen Grund sind keine Fehler, sollen jedoch herausgezüchtet werden.

Die Behaarung soll mit Ausnahme des Kopfes lang, schlicht und dicht sein, sich hart, fast grob, und fettig anfühlen. Diese Beschaffenheit und das sehr dichte Unterhaar erschweren dem Wasser, selbst bei längerem Aufenthalt darin, daß es bis an die Haut herankommt. Das gegen den Strich gebürstete Haar soll von selbst wieder in seine natürliche Lage zurückfallen. Über dem Rücken ist es meistens gescheitelt.

Der Kopf soll breit und massig, das Hinterhauptbein gut entwickelt sein. Es sollte auch ein deutlicher Stirnabsatz vorhanden sein, der jedoch keine scharfe Einbiegung (Stop), wie etwa beim St.-Bernhards-Hund, haben darf. Die Profillinie soll vom Nasenrücken über die Stirn zum Oberkopf nicht senkrecht, sondern etwas schräg aufsteigen. Auch der obere Augenhöhlenrand zeigt keine so starke seitliche Ausladung wie beim St.-Bernhards-Hund. Von vorn gesehen, bildet der Umriß der oberen Schädelpartie eine kräftige, oben leicht abgeflachte Bogenlinie. Der Nasenrücken ist ent-

Vielversprechender Nachwuchs

weder gerade oder er zeigt eine leicht gestreckte Ausbiegung nach oben. Die Schnauze soll kurz, auch seitlich nicht zu scharf abgesetzt, allmählich zulaufend, aber nicht zu spitz sein. Sie soll im geschlossenen Zustand ebensolang sein, wie sie vor den Augen tief ist. Die Lefzen sind eher trocken als zu schwer, und die sehr kräftigen Zähne müssen genau übereinanderbeißen (Scherengebiß). Die Behaarung der Kopfhaut ist kurz und fein. Sie darf keine Falten bilden.

Die Augen. Ruhiger, aufmerksamer Blick mit gutmütigem Ausdruck. Lidspalte nicht zu weit, mandelförmig geschnitten. Das weiße des Augapfels ist bei geradem Blick nur wenig oder gar nicht zu bemerken. Die Lidbindehaut soll nicht sichtbar sein. Farbe: Braun, am besten Dunkelbraun. Helle Farben (Schwefel- oder Graugelb) sind fehlerhaft. Die Augen sollen tief und weit auseinanderliegen.

Ohren. Kleiner und dreieckiger als die Behänge eines Pointers oder Setters, hoch am Oberkopf angesetzt, an den Kopfseiten glatt und dicht anliegend mit feiner, kurzer Behaarung im unteren Teil. Lange Haarfransen befinden sich nur am hinteren Teil der Behängewurzel.

Der Hals steigt muskulös und breitnackig aus der Schulter-Brust-Partie gegen den Kopf an. Sein Querschnitt soll nicht ganz rund, sondern leicht eiförmig sein. Bei symmetrischem Bau beträgt seine Länge vom Hinterhauptbein bis zum Widerrist ungefähr dreiviertel der Kopflänge, vom Hinterhauptbein bis zu Nasenspitze gemessen.

Der Rumpf soll vom Widerrist bis zum Rutenansatz ungefähr die doppelte Kopflänge haben. Der Rücken ist gerade, von den Schultern bis zur Kruppe sehr breit und kräftig. Zwischen sehr muskulösen Schultern sei die Brust tief und breit, bei entsprechender kräftiger Rippenwölbung des Brustkorbes. Der Bauch ist nur wenig aufgezogen. Zwischen ihm und der muskelstarken Lendenpartie soll eine flache Vertiefung der Flankengegend deutlich sichtbar sein. Die Kruppe ist breit und durch starke Muskelpolster seitlich abgerundet.

Schwacher Rücken, Senkrücken, schlaffe Lendengegend und zu kurze letzte Rippe mit starkem Aufgezogensein des Bauches sind Fehler. Die Behaarung von Brust und Schultergegend sei besonders reichlich.

Vorderhand. Starke, von der Schultergegend kommende Muskelmassen umlagern den kräftigen, verhältnismäßig langen (typisch für den Neufundländer) Oberarmknochen, dem sich unter guter Winkelung die mächtigen Knochen des vollkommen geraden und ebenfalls muskelstarken Laufes anschließen. Die Ellenbogen liegen dem tiefsten Teil des Brustkorbes gut an, stehen ziemlich tief und sind genau nach rückwärts gerichtet. Der ganze Lauf ist bis zur Pfote dicht befedert.

Die Hinterhand soll insgesamt kräftig sein. Die Hinterläufe müssen durchweg frei bewegt werden; sie sollen starke Knochen haben, die von kräftigen Muskeln überlagert werden, so daß besonders die Oberschenkelpartie breit entwickelt ist. Die Hinterläufe sind reich befedert.

Kuhhessige Stellung, ebenso Mangel an Winkelung sind Fehler. Afterklauen sind verwerflich und sollen möglichst bald nach der Geburt entfernt werden.

Knochen der Läufe. Sie sollen durchweg massig sein und zur Gesamtfigur übereinstimmend passen.

Pfoten. Sie sind groß, breit und gut geformt. Gespreizte und nach außen gedrehte Pfoten sind verwerflich. Die Zehen sollen durch starke Schwimmhäute bis ziemlich dicht zur Zehenspitze verbunden sein.

Die Rute soll stark und von mäßiger Länge sein, sehr dicht und buschig, jedoch nicht fahnenförmig behaart. Wenn der Hund stillsteht und nicht erregt ist, soll er die Rute abwärts hängend, eventuell am Ende ein wenig gebogen, halten. In Bewegung soll er sie gerade ausgestreckt mit einer kleinen Biegung der Spitze nach oben

tragen. Ruten mit einer kleinen Verbiegung oder über dem Rücken geringelt getragen, sind verwerflich.
Größe und Gewicht. Die Schulterhöhe der meisten Neufundländer-Rüden mißt etwa 68 bis 75 cm bei einem Gewicht zwischen 50 und 62 kg, die der Hündinnen zwischen 62 und 70 cm (Gewicht 40 bis 50 kg). Es entwickeln sich auch größere und kleinere Hunde dieser Rasse.

II Landseer-Neufundländer

– Kontinental-europäischer Typ, Farbenreinzucht, 1960 von der F.C.I. anerkannt –
Allgemeine Erscheinung. Der Landseer soll den Eindruck eines großen, starken, harmonisch gebauten Hundes hervorrufen. Besonders der Rüde steht auf verhältnismäßig höheren Läufen als der schwarze Neufundländer.

Die Bewegungen seiner muskulösen Läufe sollen eine leicht fördernde, geräumige Gangart präsentieren.
Die Behaarung soll, ausgenommen am Kopf, lang, möglichst schlicht und dicht sein, sich fein anfühlen, mit Unterwolle durchsetzt sein, jedoch diese nicht so dicht wie beim schwarzen Neufundländer.

Leicht gewelltes Deckhaar auf dem Rücken und an den Keulen ist nicht zu beanstanden. Das gegen den Strich gebürstete Haar muß von selbst wieder in Form fallen.
Grundfarbe des Haares ist ein klares Weiß, mit zerrissenen Platten auf der Rumpf- und Kruppenpartie. Der Hals, die Vorderbrust, der Bauch, die Läufe und die Rute müssen weiß sein, der Kopf ist schwarz. Als Zuchtfestigung gilt eine weiße Schnauzenpartie mit einer weißen, symmetrischen, nicht zu breiten, durchgezogenen weißen Blesse. Noch vorkommende Rußflekken im weißen Grund sind keine Fehler, jedoch sollen sie herausgezüchtet werden.
Der Kopf soll breit und massig, das Hinterhauptbein gut entwickelt sein. Es sei ein deutlicher Stirnabsatz vorhanden, jedoch nicht so ausgeprägt und steil wie beim St.-Bernhards-Hund. Schnauzenlänge = Schnauzentiefe vor dem Stirnabsatz. Lefzen trocken, die oberen die unteren leicht deckend, diese möglichst straff, nicht greifend. Kopfmodulierung markant geprägt, aber edel im Ausdruck mit mäßig entwickelten Backen, die allmählich in die Schnauzenpartie auslaufen. Nasenspiegel und Lefzen schwarz pigmentiert. Scherengebiß, Kopfhaut ohne Falten, kurz und fein behaart.
Ohren mittelgroß, gegen die Augen gelegt, bis zum innersten Augwinkel reichend, von dreieckiger Form, unten etwas abgerundet, hoch am Oberkopf, aber nicht zu weit hinten angesetzt und an den Kopfseiten glatt und dicht anliegend mit feiner, kurzer Behaarung. Längere Haarfransen nur

am hinteren Teil der Behängewurzel.

Augen mittelgroß, mäßig tief liegend, braun bis dunkelbraun, hellbraun darf toleriert werden, mit freundlichem Blick, Lidspalte mandelförmig, Lidbindehaut nicht sichtbar. Ganz helle Augen (schwefel- oder graugelb) sind fehlerhaft, ebenso zu enger Augenstand.

Der Hals, im Querschnitt nicht ganz rund, sondern leicht eiförmig, steigt muskulös und breitnackig aus der Schulter-Brust-Partie gegen den Kopf an. Bei symmetrischem Bau beträgt seine Länge vom Hinterhauptbein bis zum Widerrist ungefähr dreiviertel bis vierfünftel der Kopflänge, vom Hinterhauptbein bis zur Nasenspitze gemessen.

Ausgeprägte Kehl- oder Halswamme ist nicht erwünscht.

Der Rumpf soll vom Widerrist bis zum Rutenansatz ungefähr die doppelte Kopflänge haben. Der Rücken sei straff und gerade, von den Schultern sei die Brust tief und breit, bei entsprechender kräftiger Rippenwölbung des Brustkorbes.

Der Bauch ist nur wenig aufgezogen. Zwischen ihm und der muskelstarken Lendenpartie soll eine flache Vertiefung der Flankengegend deutlich sichtbar sein.

Die Kruppe sei breit, durch starke Muskelpolster seitlich und nach hinten schön abgerundet.

Schwacher Rücken, Senkrücken, schlaffe Lenden und zu kurze letzte Rippen mit starkem Aufgezogensein des Bauches sind Fehler.

Vorderhand. Starke, von der Schultergegend kommende Muskelmassen umlagern den kräftigen Oberarmknochen, dem sich unter richtiger Winkelung die mächtigen Knochen des vollkommen geraden Laufes, dieser gut bemuskelt, anschließen. Die Ellenbogen liegen dem tiefsten Teil des Brustkorbes gut an, stehen ziemlich hoch und sind genau nach rückwärts gerichtet. Der ganze Lauf ist bis zum Sprunggelenk leicht befedert.

Hinterhand. Die ganze Hinterhand soll kräftig sein. Die Hinterläufe müssen durchweg frei bewegt werden, sie sollen starke Knochen haben, die von kräftigen Muskeln überlagert sind, so daß besonders die Oberschenkelpartie breit entwickelt ist.

Die Hinterläufe sollen mäßig befedert sein. Kuhhessige Stellung, ebenso Mangel an Winkelung sind Fehler. Afterklauen sind verwerflich und sollen möglichst bald nach der Geburt entfernt werden.

Pfoten. Groß und gut geschlossen, sogenannte Katzenpfoten. Gespreizte oder nach außen gedrehte Pfoten sind zu beanstanden. Die Zehen sollen durch starke Schwimmhäute bis ziemlich weit zur Zehenspitze verbunden sein.

Rute. Stark, höchstens bis etwa unter die Sprunggelenke reichend, sehr dicht und buschig behaart, aber nicht fahnenförmig. Wenn der Hund still-

Aufmerksamer Wächter

steht und nicht erregt ist, soll er die Rute abwärtshängend tragen, am Ende eventuell etwas gebogen halten. In der Bewegung darf er sie gerade ausgestreckt mit einer leichten Biegung des Endes nach oben tragen. Ruten mit einer Verbiegung oder über den Rücken geringelt getragen, sind verwerflich.

Größe. Die Schulterhöhe des Landseers darf schwanken: bei den Rüden durchschnittlich zwischen 72 und 80 cm, bei den Hündinnen durchschnittlich zwischen 67 und 72 cm. Kleinere Variationen nach unten oder oben sind zu tolerieren.

Anwendung der Rassekennzeichen

Diese Rassekennzeichen sind richtungweisend für das Beurteilen von Neufundländern und Landseern beim Bewerten auf Ausstellungen und Schauen sowie zur Bewertung der Zuchthunde.

Die Beschreibung der Rassekennzeichen des Neufundländers und des Landseer-Neufundländers ist als integrierender Anhang zu den Satzungen des DNK zu betrachten und ferner als Richtlinie für alle Richter und Züchter verbindlich.

Der Deutsche Neufundländer-Klub e. V., Sitz München

Der Deutsche Neufundländer-Klub wurde 1893 in München gegründet. Man gab den Namen: Neufundländer-Klub für den Kontinent (NK). Einige Jahre früher war die Gründung des englischen Neufundländerklubs.

Es wurden auch schon vorher in Deutschland und in anderen Ländern des Kontinents Neufundländer gezüchtet. Allerdings waren es nur wenige passionierte Züchter, die dazu ihre Tiere aus England und aus Neufundland eingeführt hatten.

Der Zusammenschluß im Deutschen Neufundländer-Klub und die Einführung des Zuchtbuches, dies ist für eine planvolle Zucht erforderlich, haben die Zuchtbasis verhältnismäßig schnell erweitert. Bald konnte man einen einheitlichen Typ auf den Ausstellungen zeigen.

Der Erste Weltkrieg brachte auch der Neufundländerzucht Rückschläge, die jedoch rasch wieder aufgeholt werden konnten. Da die Zucht in der Schweiz und in Holland weniger gelitten hatte, konnte gutes Zuchtmaterial aus diesen Ländern nach Deutschland geholt werden.

1925 trennten sich die Schweizer Zuchtfreunde vom DNK und gründeten den Schweizerischen Neufundländerklub. Seither sind beide Klubs durch beste Beziehungen verbunden.

Nach dem Zweiten Weltkrieg verfiel der Klub, weil ihn die Besatzungsmächte verboten hatten. Das hat der Neufundländerzucht sehr geschadet. 1948 gründeten namhafte Züchter erneut den Deutschen Neufundländer-Klub e. V. Der Klub wurde wie früher in Landesgruppen aufgeteilt. Jede Landesgruppe betreut ein Leiter, der den Klubmitgliedern in züchterischen und anderen ihre Hunde betreffenden Fragen beratend zur Verfügung steht.

Öffentlich publiziert der DNK das Geschehen im Klub und in der Zucht in der VDH-Fachzeitschrift „Unser Rassehund".

Der Deutsche Neufundländer-Klub erfreut sich eines stetigen Aufstieges und zunehmender Beliebtheit bei allen Freunden der Neufundländerhunde, da er seinem Zweck treu geblieben ist und auch treu bleiben wird. Die Satzung sagt darüber folgendes: „Die planmäßige Zucht dieser Rasse zu pflegen, deren Verbreitung zu fördern sowie seine Mitglieder in allen ihre Hunde betreffenden Fragen zu beraten ..."

Diesen Zielen haben sich aber auch andere Vereinigungen verschrieben. Ihre Anschriften enthält das Verzeichnis auf Seite 99.

Ernährung

Die wildlebenden Ahnen unseres Hundes waren Jäger. Sie verzehrten ihre Beute mit Haut und Haar. Bevorzugte Leckerbissen waren die Innereien. Magen und Darm ihrer Beutetiere enthielten auch vorverdaute Pflanzen und wichtige Vitamine. Wölfe und Wildhunde fraßen also nicht nur Fleisch.

Genauer wäre die Bezeichnung „Tierfresser". Aus Untersuchungen des Mageninhaltes wissen wir, daß darüber hinaus praktisch alles auf dem Speisezettel stand, was die Natur bot: Früchte, Samen und Gräser, Frösche und Schlangen, selbst Insekten wurden verzehrt. Nur so konnten der Hunger gestillt und genügend Vitamine und Mineralstoffe aufgenommen werden.

Angemessene artgemäße Nahrung hat der Hundehalter seinem Hund nach dem Tierschutzgesetz anzubieten. Unkenntnis und falsch verstandene Tierliebe können leicht zu Tierquälerei führen: Der Hund ist kein Resteverwerter. Mit Süßigkeiten ist ihm nicht gedient. Falsche Ernährung kann Fettsucht, innere Erkrankungen oder Hautkrankheiten verursachen. „Angemessen" ist nur eine gesunderhaltende Nahrung.

Fleisch ist die Ernährungsgrundlage. Es enthält neben Salzen, Geschmackstoffen und Vitaminen vor allem tierisches Eiweiß. Reines Muskelfleisch oder Herz können ebenso wie ausschließlich minderwertige sehnige, häutige oder knorpelige Teile zu Verdauungsstörungen führen. „Artgemäß" ist eine aus leichter und schwerer verdaulichen Bestandteilen gemischte Fleischgrundlage. Dazu gehört auch tierisches Fett. Es dient als Energiequelle.

Pflanzen enthalten neben pflanzlichem Eiweiß, Vitaminen und Mineralstoffen vor allem Stärke und Zucker. Diese Kohlenhydrate liefern ebenfalls Energie. Sie müssen aber bei den meisten Nährmitteln durch Erhitzung „aufgeschlossen", das heißt verdaulich gemacht werden. Für Sättigung, Darmfüllung und geregelte Verdauung sorgen unverdauliche Rohfasern, die vor allem in Rohkost, aber auch in Hundeflocken, weniger aber in gekochtem Reis enthalten sind. Ungesättigte Fettsäuren aus Pflanzenölen sind vor allem für gesunde Haut und glänzendes Fell wichtig.

Für den gesunden Hund ist eine Ergänzung der Fleischgrundlage durch aufgeschlossene rohfaserhaltige Pflanzenkost das richtige.

Eine vielseitig zusammengesetzte

Nahrung enthält auch Vitamine. Das sind Wirkstoffe, die für Stoffwechselprozesse wie Blutgerinnung, Nervenfunktion oder Infektabwehr benötigt werden, die der Körper jedoch selbst nicht produzieren kann. Mineralstoffe und Spurenelemente sind nicht nur für den Knochenbau, sondern auch für viele andere Stoffwechselprozesse unerläßlich.

Eine Wissenschaft für sich?

Erhaltungs- und Leistungsbedarf, Nährwerttabellen, Kalorien und Joule – das ist schon eine Wissenschaft für sich – beflügelt durch die Futtermittelindustrie. Bei allem Respekt wundert sich der Praktiker, daß trotz Unkenntnis und Fehlern früherer Zeiten die Spezies Hund nicht längst ausgestorben ist. Zum besseren Verständnis genügen folgende Überlegungen:

Der Körper des erwachsenen Hundes befindet sich in einem dauernden Umbau. Zur Erhaltung der Körpersubstanz sind daher Eiweißbausteine erforderlich, für die damit verbundenen Stoffwechselvorgänge Energielieferanten, Vitamine und Mineralstoffe. Das Futter soll in der Trockenmasse etwa ein Drittel Eiweiß, mindestens fünf Prozent Fett und höchstens die Hälfte Kohlehydrate enthalten.

Welpen und Junghunde brauchen für ihr Wachstum mehr Nahrung als gleich schwere erwachsene Hunde, bis zum sechsten Monat etwa doppelt soviel und dann immerhin noch fünfzig Prozent mehr.

Ihr Futter soll zu zwei Dritteln, später mindestens zur Hälfte, aus Fleisch und anderen Eiweißstoffen bestehen.

Diese Richtwerte gelten nur bei normaler Belastung. Besondere Leistungen erfordern eine Zulage. Als Fleischfresser kann der Hund zwar auch aus Eiweiß Energie gewinnen, die Ausbeute ist jedoch gering (und teuer). Zugelegt werden daher kohlehydrathaltige Futtermittel. Erhaltungs- und Leistungsbedarf sind praktisch nicht zu trennen. Bei Dauerbelastung kann bis zu viermal mehr Energie als bei Ruhe verbraucht werden.

Die wichtigsten Grundregeln

Die **Futterration** kann nicht mit der Briefwaage abgemessen werden. Neben Alter und Leistung ist die individuelle Veranlagung des Hundes ausschlaggebend. Es gibt gute und schlechte Futterverwerter. Ein normal veranlagter, durchschnittlich beanspruchter erwachsener Neufundländer braucht täglich etwa 1500 g Fleisch mit 400 g Flocken. Den gleichen Nährwert haben 3000 g Dosen-Vollnahrung oder 1000 g Trockenfutter.

Bei einem gesunden, gut ernährten Hund sollen die Rippen optisch nicht

Kopfprofil eines Neufundländers

hervortreten, mit der flachen Hand aber noch fühlbar sein. So kann man „erfühlen", ob etwas Futter zugelegt oder abgezogen werden muß.

Junghunde können die tägliche Futtermenge unmöglich auf einmal aufnehmen. Eine Magenüberladung wäre die Folge, Knochen, Bänder und Gelenke würden zu stark belastet und bleibende Schäden davontragen. Immerhin braucht ein halberwachsener, 20 bis 25 kg schwerer Neufundländer bereits genausoviel Futter wie sein ausgewachsener Artgenosse. Die Ernährung der Welpen erfolgt zunächst genau so, wie der Züchter es gehandhabt und dem Käufer empfohlen hat. Umstellungsbedingte Verdauungsstörungen werden so vermieden. Dem Welpen wird die Eingewöhnung erleichtert.

Bis zum Abschluß des Zahnwechsels mit etwa sechs Monaten erhält der Junghund täglich drei, später bis zum Abschluß des Wachstums mit etwa eineinhalb Jahren zwei Mahlzeiten täglich. Der Junghund darf zunächst noch etwas „Babyspeck" haben. Er hilft, Krankheiten besser zu überstehen. Mangelernährung in der Jugend ist kaum wiedergutzumachen.

Fresser werden nicht geboren, sondern erzogen: Der erwachsene Hund erhält täglich eine Mahlzeit. Was in einer Viertelstunde nicht aufgefressen ist, gehört in den Mülleimer. Wichtig ist regelmäßige feste Futterzeit, weniger wichtig, ob dies morgens, mittags oder abends ist. Stets soll jedoch der Hund nach dem Fressen ruhen, so wie es auch Wildtiere nach ergiebigem Mahl zu tun pflegen. Bei „Sport und Spiel“ besteht die Gefahr, daß sich ein gefüllter Magen verdreht – eine lebensgefährliche Situation.

Das Futter soll vielseitig sein, damit es alle benötigten Nährstoffe enthält. Der Hund braucht aber keine Geschmacksabwechslung. Er kann durchaus dauernd das gleiche Futter erhalten, wenn dies optimal zusammengesetzt ist.

Fertigfutter – sicher, bequem und preiswert

Die Vorurteile gegen Fertigfutter sind überholt. Es entspricht in Eiweißanteil und sonstigen Inhaltsstoffen den wissenschaftlichen Erkenntnissen. Durch moderne Konservierungsverfahren werden Vitamine weniger geschädigt als durch haushaltsübliches Kochen, Krankheitserreger im Fleisch werden bei der Herstellung abgetötet. Ein weiterer Vorteil ist die praktische Vorratshaltung. Auf Reisen ist Fertigfutter die einfachste Futterlösung. Es ist nicht teurer als selbstzubereitetes Futter. Gegen Fertigfutter gibt es eigentlich nur einen Einwand: Artgemäßerweise frißt der Hund Rohes, nicht aber Gekochtes.

Dosenfutter enthält reichlich Eiweiß. Das Etikett muß genau gelesen werden: „Vollnahrung“ enthält bereits pflanzliche Futtermittel und ist futterfertig. Zu „Fleischnahrung“ müssen noch Flocken, Reis oder Gemüse zugemischt werden. Als vermeintlicher Nachteil werden vielfach die großen Kotmengen nach Verfütterung von Dosenfutter empfunden. Sie sind Folge des Rohfaseranteils und der damit verbundenen guten Darmfüllung. Geschwächte kranke Hunde reagieren bei plötzlicher Umstellung auf Dosenfutter gelegentlich mit Durchfall.

Fertigfuttermischungen aus Trockenfleisch und Nährmitteln werden mit warmem Wasser oder Brühe nach Anweisung dickbreiig angerührt – eine unproblematische Futterzubereitung.

Trockenfutter in Keks- oder Ringform und Hundekuchen werden trocken verfüttert. Sie enthalten fünfmal weniger Wasser als normal feuchtes Futter. In einem Extranapf muß daher unbedingt Wasser angeboten werden. 200 g Trockenfutter haben etwa den gleichen Nährwert wie eine 850-g-Dose Vollnahrung oder 400 g Fleisch und 125 g Flocken. Zusätzliche „Leckerlis“ sind Dickmacher!

Fertigfutter ist meist nach dem Bedarf erwachsener Hunde zusammengestellt. Junghunde erhalten daher als Eiweißzulage zusätzlich Fleisch oder Milcherzeugnisse oder aber gleich ein spezielles Welpen- oder Junior-Fertigfutter.

Eigener Herd ...

Schwieriger ist es, seinen Hund mit selbstzubereitetem Futter zu ernähren. Man muß dazu einiges über Wert und Eigenschaften der Futtermittel wissen.

Fleisch ist die Futtergrundlage; Rinderpansen und Blättermagen, Herz, Fleischabschnitte, Maulfleisch, Leberabschnitte, Schlund, Milz und Nieren sind ein fast vollwertiger Ersatz für das teurere Muskelfleisch. Euter, Lunge und „Schweineringel" sind nur bedingt und in kleinen Mengen geeig-

Schwarzer Neufundländer in bester Verfassung

net. Besonders wertvoll ist „grüner" Pansen, roher, ungereinigter Rindermagen: er enthält bereits vorverdaute Pflanzenteile und Vitamine, die aus Pflanzen stammen oder im Pansen gebildet wurden. Haltbarer und weniger duftend ist der gereinigte und gebrühte „weiße" Pansen. Rohe Leber und rohe Milz haben eine abführende Wirkung und dürfen daher – je nach Kotbeschaffenheit – nur in kleinen Mengen zugegeben werden. Sie könnten sonst Durchfall oder die gefürchtete Aujeszkysche Krankheit übertragen. Die Fleischgrundlage sollte stets aus verschiedenen Bestandteilen bestehen. Bei einseitiger Zusammensetzung, zum Beispiel ausschließlich Pansen, können Eiweißbausteine fehlen, die der Hund braucht.

Andere Eiweißquellen können das Futter vervollständigen. Hunde mit gesunder Leber und Niere dürfen gelegentlich unverdorbenen Fisch, frei von harten Gräten, fressen. Junghunde bis zum sechsten Monat können täglich eine mit Milch hergestellte Mahlzeit erhalten. Bei älteren Junghunden muß Kuhmilch verdünnt werden. Erwachsene Hunde erhalten – wie in der Natur – keine Milch. Sie können den Milchzucker nicht verdauen. Der Darminhalt wird dadurch zu weich. Hauterkrankungen können die Folge sein. Besser als Kuhmilch sind Welpenmilch-Präparate, die auch von älteren Hunden vertragen werden. Auch rohes Eiklar kann der Hund nicht richtig verdauen. Rohes Eigelb ist dagegen vor allem für junge und kranke Hunde gesund und bekömmlich. Gekochte und gebratene Eier verträgt jeder Hund. Viele Hunde mögen auch Magerquark – eine wertvolle Ergänzung hochwertigen Eiweißes besonders für Junghunde. Käse ist entgegen alten Vorurteilen nicht schädlich. Käserinden, Wurstpellen, Geräuchertes und Gewürztes gehören nicht in den Hundenapf.

Einkaufsmöglichkeiten für Futterfleisch bieten Hundefutterhandlungen und Fleischereien sowie Zoogeschäfte und Supermärkte. Frisches Futterfleisch ist leicht verderblich und sollte auch bei Kühlung nicht länger als zwei Tage aufbewahrt werden, gekochtes hält sich ein bis zwei Tage länger.

In der Gefriertruhe kann man Fleisch etwa drei Monate aufbewahren, zweckmäßigerweise in dicht schließenden Kunststoffbeuteln portionsweise verpackt.

Die Zubereitung des Futters erfordert nur geringen Aufwand. Da der Hund sein Futter nicht kaut, sondern schlingt, wird das Fleisch in maulgerechte Happen geschnitten, aber nicht wie Hackfleisch zerkleinert. Viele Hundefutterhändler nehmen dem Käufer diese Arbeit ab. Das frische oder aufgetaute Fleisch wird mit heißem Wasser abgebrüht. So bleibt es innen roh, wird aber leicht erwärmt.

Futterpause – bitte nicht stören!

Eiskaltes Futter ist Gift für den Hundemagen.

Als pflanzliche Ergänzung können gekochte Haferflocken, Graupen oder Reis zugegeben werden. Einfacher geht es mit „Hundeflocken", einem Gemisch getoasteter und daher gut verdaulicher Getreideerzeugnisse mit ausreichendem Rohfasergehalt. Zwei Maß Flocken werden einem Maß Fleisch mit warmem Wasser zugemischt. Das Futter soll dickbreiig, nie suppig sein.

Junghunde erhalten Flocken und Fleisch zu gleichen Raumteilen. Von Fall zu Fall sollen die Flocken ganz oder teilweise durch Gemüse ersetzt werden, das mit einer Gabel zerdrückt wird. Es schadet nichts, wenn Essenreste leicht gesalzen sind. Der Hund braucht Kochsalz für eine einwandfreie Nierentätigkeit. Hülsenfrüchte und Kohl gehören allerdings nicht ins Hundefutter. Sie sind schwer verdaulich und verursachen Blähungen.

Rohkost, insbesondere fein zerkleinerte Möhren und Äpfel, sind eine sättigende und vitaminreiche Futterergänzung. Auch gehackte Petersilie oder Kresse und frische Obst- und Gemüsesäfte können das Vitaminangebot vervollständigen.

Zur Versorgung mit ungesättigten Fettsäuren – wichtig zum Beispiel für

Ein treuer Begleiter

Haut und Haar – kann dem Futter einmal wöchentlich ein Teelöffel Pflanzenöl zugesetzt werden. Auch eine Scheibe Brot mit Pflanzenmargarine ist eine vorzügliche Ergänzung, insbesondere gut durchgebackenes Roggenbrot. Brot soll aber nie eingeweicht werden.

Für den **Junghund** ist eine ausreichende Vitamin-D-Versorgung zur Verhütung der Knochenweiche (Rachitis) besonders wichtig. Überdosierungen sind aber schädlich. Anstelle des Lebertrans sollten daher genau dosierbare Vitamin-D-Präparate nach tierärztlicher Verordnung gegeben werden. Bierhefe – Bestandteil vieler Hundeflocken – enthält auch B-Vitamine. Für den jungen Hund ist die Zufütterung von „Futterkalk" für Wachstum und Knochenbau unerläßlich. Aber auch der erwachsene Hund braucht eine Mineralstoffergänzung, weil selbstzubereitetes Futter nicht alle Stoffe in ausreichender Menge enthält. Speziell für den Bedarf des Hundes zusammengestellte Mittel sind besser und billiger als Kalktabletten für Menschen.

Knochen enthalten Mineralstoffe, sind aber schwer verdaulich und können hartnäckige Verstopfungen verursachen. Ihr Wert liegt vor allem in der Gebißpflege und der „Gymnastik“ für die Kaumuskulatur. In Maßen können daher Hunde mit gesunden Zähnen Kalbs- oder Rinderknochen erhalten. Hundekuchen oder Kauknochen aus Büffelhaut erfüllen allerdings den gleichen Zweck. Ältere Tiere mit Verdauungsproblemen oder Zahnkrankheiten müssen auf Knochen verzichten.

Harte Röhrenknochen, vor allem vom Geflügel, können splittern und Darmverletzungen verursachen.

Kotelettknochen können in der Speiseröhre steckenbleiben. Sie gehören in den Mülleimer.

Fastentage müssen wildlebende Fleischfresser oft einlegen. Für Hunde mit Übergewicht ist ein Fastentag in der Woche ein probates Mittel zum Abnehmen. An den übrigen Tagen darf er sich einmal täglich sattfressen.

Seine fettarme Fleischgrundlage wird allerdings mit nährstoffarmer Lunge gestreckt, und statt der Flocken erhält er Weizenkleie und Rohkost. Einfacher, aber teurer ist Diät-Fertigfutter, das über Tierärzte bezogen werden kann.

Wasser immer frisch und sauber, nie eiskalt, muß dem Hund ständig zur Verfügung stehen.

Ein gesunder Hund trinkt zwar bei normal feuchtem Futter kaum, muß aber doch bei Hitze, nach Anstrengungen oder zu bestimmtem Futter seinen Durst löschen können. Ständig stark vermehrter Durst ohne erkennbaren Grund ist ein Krankheitszeichen.

Patentrezepte

Fragt man zehn Hundeexperten, erhält man sicher wenigstens neun „bewährte“, für diese Rasse einzig richtige „Ernährungsanleitungen, von denen acht völlig richtig sind. Trotz aller Erfahrung und wissenschaftlicher Akribie gibt es gottlob viele Möglichkeiten, seinen Hund artgemäß und ausreichend zu ernähren. Man muß nur die angeführten Ernährungsregeln mit etwas Verständnis beachten – sei es mit Fertigfutter, sei es mit einem eigenen, auf Haushalt, Hund und Geldbeutel abgestellten Spezialrezept, sei es auch mit beidem.

Gesundheit

Vorbeugen ist besser als Heilen

Artgerechte Haltung, Pflege und Ernährung sind Voraussetzungen für die Gesundheit. Das seelische Wohlbefinden des Hundes ist so wichtig wie das körperliche. Der gesunde Hund nimmt aufmerksam und lebhaft Anteil an seiner Umgebung. Er ist kräftig und ausdauernd. In der Ruhe atmet er 10- bis 20mal, das Herz schlägt 70- bis 100mal in der Minute. Die Körpertemperatur liegt um 38,5 °C. Gesundheit ist nicht nur „Freisein von Krankheiten", sie schließt auch Widerstandskraft gegen Infektionen ein.

Das Haarkleid schützt nicht nur gegen Wind und Wetter. Ein glattes, glänzendes, dicht anliegendes Deckhaar ist auch Zeichen von Gesundheit. Darunter wärmt ein dichtes, wolliges Unterhaar. Der Neufundländer soll täglich mit einer Spezialbürste gestriegelt werden. Ein Kamm wird nicht benutzt. Damit könnten auch gesunde Haare ausgerissen und kleinste Hautverletzungen verursacht werden. Besonders wichtig ist das Bürsten während des Haarwechsels im Frühjahr und zum Winteranfang. Dann geht die Unterwolle manchmal in dichten Büscheln aus. Durch Baden können der schützende Säuremantel der Haut zerstört und das Haar entfettet werden. Der Neufundländer wird deswegen nur ausnahmsweise gebadet, zum Beispiel wenn er sich nach Hundeart in Aas oder Kot gewälzt hat. Dann wird er lauwarm geduscht und mit Hundeshampoo oder mildem Haarwaschmittel, nie jedoch mit Seife oder Spülmittel gewaschen. Nach gründlichem Ausspülen wird das Fell trockengerieben. An einem warmen, zugfreien Ort muß das Fell trocknen, ehe der Hund wieder hinaus darf.

◀ Gespannte Erwartung

Etwas ganz anderes ist das Baden in freier Natur. Neufundländer sind hervorragende Schwimmer. An heißen Sommertagen sei ihnen die Erfrischung gegönnt. Die natürlichen Schutzeinrichtungen von Haut und Haar werden sie vor Erkältungen bewahren. Stumpfes Haar, ständiger Haarausfall und starker Geruch deuten auf innere Erkrankungen hin. Die Haut soll frei von Schuppen und Rötungen sein, kein Juckreiz soll den Hund plagen.

Flöhe, Läuse und Haarlinge kann auch der gepflegteste Hund von einer

Hundebegegnung mitbringen. Bei Juckreiz werden als erstes die Haut auf Flohstiche - bis zu linsengroße, geschwollene Rötungen - und das Fell auf Parasitenkot - kleine schwarze Pünktchen - abgesucht. Lieblingssitze der ungebetenen Gäste sind die Innenflächen der Hinterbeine, die „Achselhöhlen“ und die Ohrmuscheln. Bei leichtem Befall genügt ein Flohpuder oder -spray. Wirksamer sind Waschlösungen, die das Fell bis auf die Haut benetzen, oder verschreibungspflichtige Mittel, die, auf die Haut getropft, bis zu vier Wochen wirken. Das Ablecken solcher Mittel muß unbedingt verhindert werden, sie sind dann auch für den Hund giftig. „Anti-Floh-Halsbänder“ geben bis zu vier Monaten gas- oder puderförmige Wirkstoffe ab. In Hundehütten können bei einigen Halsbändern Gaskonzentrationen auftreten, die auch für den Hund bedenklich sind. Manche Halsbänder verlieren zudem durch Nässe an Wirksamkeit. Bei Flohbefall muß immer das Lager des Hundes mitbehandelt werden. Moderne Spezialmittel töten dabei nicht nur erwachsene Flöhe, sondern verhindern auch, daß sich aus den vorhandenen Larven „fertige“ Flöhe entwickeln. Hundedecken werden am besten ausgekocht, Teppiche regelmäßig gesaugt und Stroh in der Hütte gewechselt.

Zecken lassen sich aus dem Gebüsch auf den Hund fallen, beißen sich in der Haut fest und saugen sich mit Blut voll. Sie sehen dann wie prallgefüllte graubraune bis zu kirschkerngroße Säckchen aus. Je länger sie saugen, desto größer ist in bestimmten verseuchten Gegenden die Gefahr, daß eine für Hunde gefährliche Infektionskrankheit, die Borreliose, übertragen wird. Deshalb sollten Zecken so rasch wie möglich entfernt werden. Sie dürfen aber nicht einfach ausgerissen werden, weil dabei die Beißwerkzeuge in der Haut steckenbleiben und Entzündungen verursachen können. Am besten erfaßt man die Zecke mit einer Spezialpinzette und hebelt sie drehend aus der Haut heraus. Man kann sie aber auch mit Alkohol, „Desinsekt-spray“ oder in Öl eingehüllt betäuben und dann herausdrehen, sofern sie nicht innerhalb einer halben Stunde abgefallen ist. Inzwischen gibt es, allerdings nur beim Tierarzt, ein Anti-Zecken- und -Flohhalsband, das den Befall mit Zecken weitgehend und das Blutsaugen sicher verhindert.

Die Ohren sollten alle vier Wochen gereinigt werden. Mit Wattestäbchen kann man das Trommelfell zwar kaum verletzen, das Ohrenschmalz aber in der Tiefe zusammenstopfen. Besser ist ein alkoholischer Ohrreiniger, der randvoll ins Ohr eingegossen und bei zugedrückter Ohrmuschel durchmassiert wird. Das gelöste Ohrschmalz kann der Hund dann selbst ausschütteln, vorzugsweise im Freien. Dunkle, übelriechende Beläge im Ohr zeigen

Bei der Lieblingsbeschäftigung

eine Entzündung an. Meist wird der Hund sich dann auch am Ohr oder – scheinbar – am Halsband kratzen und den Kopf schütteln. Ursache des „Ohrzwanges“ können Ohrmilben, Grasgrannen oder andere Fremdkörper sowie Bakterien und Pilze sein. Wenn zwei- bis dreimalige gründliche Reinigung mit dem Ohrreiniger keine Besserung bringt, ist eine gezielte Behandlung erforderlich.

Die Augen werden mit einem Stückchen Mullbinde oder einem Taschentuch vom „Schlaf“ gereinigt. Fusseln von Watte oder Papiertaschentüchern reizen die Schleimhäute. Bindehautentzündungen können auch durch Zugluft, Staub oder starke Sonne verursacht werden. Zur Linderung werden Augentropfen in den heruntergezogenen Bindehautsack geträufelt. Borwasser wird heute nicht mehr verwendet, weil feine Kristalle als Fremdkörper wirken können. Länger andauernder wäßriger, schleimiger oder eitriger Augenausfluß sollte nicht mit Hausmitteln kuriert werden. Es könnte eine Infektion vorliegen. Wucherungen auf der Rückseite der Nickhaut müssen meist operativ behandelt werden.

Die Zähne werden durch Hundekuchen oder Kauknochen ausreichend gereinigt. Auch die Tortur des Zähneputzens kann Zahnstein nicht verhindern. Zur Entfernung weicher Beläge eignet sich am ehesten ein Wattebausch, getränkt mit dreiprozentiger Wasserstoffsuperoxydlösung. Zahnstein ist ein fest anhaftender brauner Belag aus verhärteten Salzen. Fauliger Mundgeruch durch Zahnfleischentzündungen und -vereiterungen sowie Zahnausfall sind die Folge. Zahnstein sollte frühzeitig fachkundig entfernt werden. Lose Zähne müssen gezogen werden. Da der Hund keine Beute jagen, festhalten oder zerreißen muß, kann er auf schmerzende Zähne verzichten. Nach Entfernung der Eiterherde wird er sich auch allgemein wohler fühlen, denn sie können den Körper vergiften und zum Beispiel chronische Herzklappenentzündungen auslösen. Auch Milchhakenzähne, die beim Zahnwechsel nicht ausfallen, müssen gezogen werden. Sie können zu Stellungsfehlern im bleibenden Gebiß führen.

Die Analbeutel sollen eigentlich bei jedem Kotabsatz eine individuelle Duftmarke zur Revierkennzeichnung hinterlassen. Infolge der Domestikation funktioniert die Entleerung häufig nicht richtig. Sekretstauungen sind die Folge. Den Juckreiz versucht der Hund vergeblich durch Rutschen auf dem After zu beseitigen. Dieses „Schlittenfahren“ ist entgegen landläufiger Vermutung fast nie auf Wurmbefall zurückzuführen. Stark gefüllte Analbeutel müssen fachkundig ausgedrückt, vereiterte müssen tierärztlich behandelt werden.

Die Krallen werden bei regelmäßigem Auslauf auf hartem Untergrund ausreichend abgelaufen. Nur bei krankhaftem Hornwachstum oder Stellungsfehlern müssen sie geschnitten werden. Dabei soll die in der Kralle verlaufende Ader nicht verletzt werden. „Wolfskrallen“, Überbleibsel der an sich verkümmerten fünften Zehe an den Hinterläufen, können bei Verletzungen stark bluten. Sie sollten vorsorglich amputiert werden. Das geschieht üblicherweise schon bei neugeborenen Welpen.

Erste Hilfe tut not

Hautverletzungen müssen genau inspiziert werden. Oberflächliche Abschürfungen und Schrunden können mit Hausmitteln behandelt werden. Auf jeden Fall werden im Bereich der Verletzungen die Haare mit einer gebogenen Schere kurz abgeschnitten. Sie verkleben sonst mit dem Wundsekret; Vereiterung ist die Folge. Die Wunde wird mit Wundgel, -spray oder -tinktur behandelt. Fetthaltige Salben behindern den heilungsfördernden Luftzutritt, Puder verkrustet.

Bei tieferen Wunden mit Durchtrennung der Haut sollte umgehend ein Tierarzt hinzugezogen werden. Bei Beißereien und Stacheldrahtverletzungen wird die Haut oft vom Körper losgerissen, so daß tiefe Taschen entstehen. Haare und Schmutz in der Tiefe der Wunden müssen so weit wie möglich entfernt werden. Von Fall zu Fall ist zu prüfen, ob eine „offene Wundbehandlung“ oder eine Naht besser ist. Nur frische Wunden können mit Aussicht auf komplikationslose Heilung genäht werden.

Eine offene, aus der Tiefe nässende oder eiternde Wunde darf der Hund belecken. In allen anderen Fällen wird die Wundheilung behindert, weil die zarten Heilungszellen am Wundrand gestört werden. Das Belecken von Wunden und das Abreißen von Verbänden können durch einen Halskragen verhindert werden. Aus einem passenden Plastikeimer wird der Boden herausgeschnitten. Die Schnittkanten werden gepolstert, an vier Stellen durchlöchert und mit Bindfäden versehen, die am Lederhalsband festgebunden werden.

Wundstarrkrampf ist beim Hund selten, Impfungen sind daher nicht üblich. Zur Vorbeuge sollen Wunden ausbluten und nicht luftdicht abgedeckt werden. Wenn größere Adern verletzt sind, kommt es zu andauernden, starken Blutungen. Häufig tritt Blut im Strahl aus. Dann muß zur Ersten Hilfe ein Druckverband angelegt werden. An ungünstigen Körperstellen wie am Kopf kann auch von Hand eine Kompresse aufgedrückt werden. Gliedmaßen können abgebunden werden, die Abbindung muß aber viertelstündlich kurz gelöst werden. In solchen Fällen ist stets umgehend tierärztliche Hilfe erforderlich.

Unfälle können auch zu inneren Verletzungen und Gehirnerschütterungen führen. Bei Bewußtseinstrübungen soll nie Flüssigkeit eingeflößt werden. Die Maulschleimhaut kann man aber mit Kaffee, Tee oder auch einfach mit Wasser befeuchten. Der Hund wird seitlich mit tiefliegendem Kopf und herausgezogener Zunge auf einer Decke gelagert, die, von zwei Personen an den Ecken strammgezogen, auch als „Tragbahre“ dient. Am Unfallort sind meistens die Diagnose und vor allem eine wirksame Schockbehandlung erschwert. Telefonisch sollte zur Vermeidung unnötiger Wege und Zeiten ein dienstbereiter Tierarzt verständigt und umgehend aufgesucht werden.

Lahmheiten können viele Ursachen haben. Als erstes wird die Pfote untersucht. Dornen oder Splitter werden ausgezogen. Verfilzte Haare drücken zwischen den Ballen wie ein Stein im Schuh; sie werden daher vorsichtig ausgeschnitten. Wunde Stellen werden wie Hautverletzungen behandelt. Im Winter müssen Streusalzreste von den Pfoten abgewaschen werden. Bei Krallenbettentzündungen können warme Kamillen- oder Seifenbäder Linderung bringen. Lose Krallenteile werden an der Bruchstelle beherzt abgeschnitten. In vielen Fällen ist ein Verband erforderlich. Er muß fachkundig angelegt werden, um Druckstellen zu vermeiden.

Hellbrauner Welpe, 5 Monate

Bei Schwellungen, Prellungen und Verstauchungen kann das Fell des betroffenen Körperteils mehrmals täglich mit kaltem Wasser durchnäßt werden. Das wirkt wie ein Kühlverband, lindert den Schmerz und hemmt – frühzeitig angewendet – weitere Schwellungen. Wenn ein Bein überhaupt nicht belastet wird, besteht Verdacht auf Knochenbruch. Bei stark abnormer Beweglichkeit können die Gliedmaßen durch eine Notschiene ruhiggestellt werden. Ein feuchtes Tuch, zwei ausreichend lange Stöcke und Binden oder Leukoplast genügen fürs erste. Die benachbarten Gelenke müssen mit fixiert werden.

Andauernde, wiederkehrende oder sich verschlimmernde Bewegungsstörungen sind stets ein Fall für den Tierarzt. Bei Junghunden können schmerzhafte Knochenauftreibungen oder Ablösungen des Ellenbogenhöckers zu Lahmheiten führen. Ältere Hunde leiden oft unter chronischen Gelenkentzündungen. Die Hüftgelenksdysplasie (HD) ist erblich veranlagt: Eine Abflachung der Gelenkpfanne begünstigt Arthrosen und Verrenkungen. Im Alter können auch die Rückenmarkshäute verknöchern. Dadurch werden die Nerven eingeklemmt. Zunehmende Nachhandschwäche bis hin zur Lähmung ist die Folge.

Relativ oft wird das Humpeln auf einem Hinterbein durch eine Ausrenkung der Kniescheibe oder durch Bänderriß bedingt, die operativ fixiert werden müssen.

Vergiftungen sind meist „Unglücksfälle" und nur selten böse Absicht. Rattengift kann bei unsachgemäßem Auslegen direkt, aber auch mit vergifteten Nagetieren aufgenommen werden. Meist handelt es sich um Cumarinpräparate, die zu inneren Blutungen führen. Vorsicht ist auch bei Schädlings- und Unkrautbekämpfungs- sowie bei Frostschutzmitteln geboten. Hochgiftige Thallium-, Zinkphosphid- und Arsenzubereitungen, Blausäure und Strychnin sind heute gottlob kaum noch erhältlich.

Die besten Überlebenschancen bestehen, wenn man „nach frischer Tat" das Gift wieder aus dem Magen herausbefördern kann. Der Tierarzt kann Erbrechen durch eine Spritze auslösen, der Laie durch Eingeben von zwei bis drei Teelöffeln Salz. Nach dem Erbrechen kann eine Aufschwemmung von etwa zehn Kohlekompretten eingeflößt werden. Milch wird nicht gegeben, weil verschiedene Gifte fettlöslich sind. Etwa vorhandene Hinweise auf die Art des Giftes ermöglichen eine rechtzeitige, gezielte tierärztliche Behandlung. Ungewisser sind die Aussichten, wenn Vergiftungsfolgen wie Krämpfe, Mattigkeit oder Brechdurchfall schon eingetreten sind, die Ursache aber nur vermutet werden kann. Eine genaue Diagnose ist oft erst durch Spätschäden wie Blutungen oder Haarausfall möglich. Dann kann es für eine Rettung bereits zu spät sein.

Durchfall ohne Fieber ist häufig durch einen Fastentag zu bessern. Der Hund erhält ausschließlich verdünnten Tee mit einer Prise Salz, aber ohne Zucker. Statt dessen ist Süßstoff zur Geschmacksverbesserung erlaubt. Keinesfalls darf Durchfall durch Wasserentzug „behandelt" werden; der Körper würde zu stark austrocknen. Am zweiten Tag erhält der Hund in kleinen Portionen ein Diätfutter, zum Beispiel Beefsteakhack, Schmelzflokken und rohen, geriebenen Apfel. Am dritten Tag muß der Durchfall deutlich gebessert sein.

Verstopfungen lassen sich durch rohe Leber oder Milz oder durch drei bis fünf Teelöffel zehnprozentige Dosenmilch häufig bessern. Bei krampfhaft vergeblichem Drängen kann ein Mikroklistier Erfolg bringen. Bei einer Verhärtung von Knochenteilen im Enddarm hilft allerdings meist nur ein fachgerechter Einlauf.

Erbrechen ist keine selbständige Krankheit. Einmaliges Erbrechen kann durch zu hastiges Fressen, zu kaltes Futter oder Aufnahme von Fremdkörpern ausgelöst werden. Gelegentliches Erbrechen ist beim Hund ohne große Bedeutung.

Um zu erbrechen, frißt der Hund häufig Gras. Geschieht dies regelmäßig oder wird ständig das Futter erbrochen, muß ein Tierarzt hinzugezogen werden. Auch Durchfall und Erbrechen mit Fieber sind kein Fall für Hausmittel.

Scheinschwangerschaft tritt bei manchen Hündinnen etwa acht Wochen nach der Läufigkeit auf. Sie sind unruhig, „bemuttern" irgendwelche Gegenstände, fressen schlecht und erbrechen gelegentlich. Das Gesäuge schwillt, Milch bildet sich. Abhilfe schafft häufig wenig Fressen und Trinken bei viel Bewegung und Beschäftigung. Das Gesäuge kann mehrmals täglich mit kaltem Wasser befeuchtet werden, um Schwellung und Milchproduktion zu hemmen. Keineswegs soll die Milch ausgedrückt werden. Damit würde nur die weitere Milchbildung angeregt.

Bei sehr starker Gesäugeschwellung und trotz Hausmitteln nicht nachlassenden Erscheinungen muß der Tierarzt verständigt werden.

Insektenstiche, vor allem durch das Schnappen nach Wespen und Bienen verursacht, können schnell zu erheblichen Schwellungen am Kopf oder, noch schlimmer, im Rachen führen. Äußerliche Kühlung mit Eiswürfeln und eine Tablette gegen Allergie ersparen oft nicht die möglichst rasche tierärztliche Behandlung.

Alarmzeichen

Fieber ist eine Abwehrreaktion des Körpers, meist auf Infektionen. Die Hundenase kann auch beim kranken Hund feucht und kühl sein. Die Temperatur muß mit einem Fieberthermometer fünf Minuten im Mastdarm gemessen werden. Sie darf nicht über 39 °C liegen. Temperaturen unter 37,5 °C entstehen infolge einer Reduzierung der Stoffwechselvorgänge häufig vor dem Tod.

Husten, als ob ein Knochen im Hals säße, tritt bei Mandelentzündungen auf. Ernstere Infektionen wie Zwingerhusten oder gar Staupe können vorliegen. Pumpende Atmung entsteht durch eine Lungenentzündung, aber auch durch Wasseransammlung in der Lunge, zum Beispiel infolge von Vergiftungen. Bei alten Hunden kann der damit verbundene Husten auch auf eine Herzschwäche zurückzuführen sein. Bauchpressen und Aufblasen der Backen sind Zeichen höchster Atemnot.

Schleimhäute im Auge und im Fang geben Hinweis auf innere Erkrankungen: Blässe deutet auf Blutarmut hin, Gelbfärbung auf Leberschäden mit Gelbsucht, Blutungen auf schwere Infektionen oder Vergiftungen, eine bläuliche Färbung tritt bei Herz- und Kreislaufschwäche auf.

Kot und Urin mit Blutbeimengungen lassen schwerwiegende krankhafte Veränderungen erkennen. Bei Blutungen im Magen und in den vorderen Darmabschnitten kann der Stuhl durch das verdaute Blut pechschwarz aussehen. Nierenerkrankungen können auch mit erhöhtem Durst verbunden sein. Wenn Mattigkeit und Mundgeruch hinzukommen, ist meist bereits eine Harnvergiftung eingetreten. Harnsteine, Blasenriß oder Vergiftungen können dazu führen, daß überhaupt kein Urin mehr abgesetzt wird; dann besteht höchste Gefahr. Geschwülste, Prostatavergrößerung und Mastdarmveränderungen erschweren den Kotabsatz.

Verhärtete Knochenteile können den Enddarm völlig verstopfen. Erbrechen und zunehmende Mattigkeit bei fehlendem Kotabsatz sprechen für Darmverschluß oder einen Fremdkörper im Darm.

Speicheln wird im harmlosesten Fall durch Fremdkörper in der Maulhöhle oder durch lose Zähne verursacht, bedenklicher wäre eine E-605-Vergiftung oder Pseudowut, schlimmstenfalls ist an Tollwut zu denken.

Umfangsvermehrungen des Bauches bei sonst normalem Ernährungsstand oder zunehmende Abmagerung können durch Tumore oder Bauchhöhlenwasser hervorgerufen werden. Bei einer Gebärmuttervereiterung besteht gleichzeitig fast immer starker Durst, gelegentlich auch Scheidenausfluß. Eine plötzliche Aufblähung des Bauches mit Kolik und Kreislaufschwäche, bedingt durch eine Magendrehung, erfordert unverzügliche Operation. Eine Entzündung der Kaumuskeln mit Schwellung und Verhärtung sowie hervortretenden Augäpfeln muß sofort tierärztlich behandelt werden.

Infektionen bedrohen die Gesundheit

Staupe und ansteckende Leberentzündung (Hepatitis) sind Viruskrankheiten, die für Junghunde besonders gefährlich sind, aber auch ältere Hunde befallen. Staupe beginnt mit einem häufig kaum merkbaren, kurzen Fieber, dem nach etwa acht Tagen eine schwere Lungenentzündung mit eitrigem Augen- und Nasenausfluß oder ein Durchfall folgt. Eine besondere Verlaufsform ist mit einer Verhärtung der Ballen verbunden. Nach scheinbarer Besserung treten nervöse Erscheinungen bis hin zu Krämpfen auf, die meistens zum Tod führen. Nach überstandener Staupe bleibt häufig ein nervöses Zucken der Kopfmuskeln, der „Staupetick", nach Erkrankungen im Junghundealter das „Staupegebiß" mit erheblichen Zahnschmelzdefekten zurück.

Die ansteckende Leberentzündung verläuft ähnlich, mit hohem Fieber, Apathie und Appetitlosigkeit. Hornhauttrübungen können bleibende Folgeschäden sein.

Stuttgarter Hundeseuche (Leptospirose) wird durch Bakterien verursacht und von Hund zu Hund übertragen. Sie beginnt häufig mit einer Schwäche in den Hinterbeinen. Geschwüre im Maul, Magen und Darm sind mit aasartig-faulem Maulgeruch und blutigem Durchfall verbunden.

Tollwut tritt bei Hunden nur noch selten auf. Die Seuche wird vor allem durch Füchse übertragen. Hinweisschilder warnen in gefährdeten Gebieten vor Tollwut. Die Krankheit ist besonders tückisch: Die typischen Wuterscheinungen wie heiseres Gebell, Wasserscheue, Unruhe und unmotivierte Beißwut fehlen häufig. Die „stille Wut" ist im Anfangsstadium schwer zu erkennen. Ein erkranktes Tier stirbt immer.

Parvovirose ist eine Viruskrankheit, die sich bei Hunden aller Altersgruppen in schweren durch Erbrechen und Durchfall gekennzeichneten Erkrankungen äußert. Bei Welpen kann plötzlicher Herztod auftreten. Der Erreger ähnelt dem Katzenseuchevirus; eine wechselseitige Ansteckung zwischen Hund und Katze ist jedoch nicht möglich. Die Ansteckung erfolgt über Ausscheidungen von Hund zu Hund, aber auch durch Verschleppung angetrockneter Ausscheidungen, z. B. an Kleidungsstücken.

Impfungen schützen vor diesen Infektionskrankheiten

Welpen in gefährdeten Zuchten oder ungeimpfte Hunde mit verdächtigen Krankheitserscheinungen können mit einem Serum behandelt werden, das fertige spezifische Abwehrstoffe

In guter Obhut

enthält. Diese „passive Immunisierung“ schützt aber nur für zwei bis drei Wochen. Der Käufer eines Hundes sollte den Impfpaß daraufhin genau prüfen. Länger dauernden Schutz vermittelt nur die „aktive“ Schutzimpfung. Dabei werden abgeschwächte oder abgetötete Infektionserreger eingeimpft. Der Körper reagiert darauf mit der Bildung eigener Abwehrstoffe. Bei den heute üblichen Kombinationsstoffen kennzeichnen die Buchstaben S, H, L, T und P die Wirksamkeit gegen die in Frage kommenden Seuchen (Staupe, Hepatitis, Leptospirose, Tollwut und Parvovirose). Welpen werden mit sechs bis acht Wochen das erste Mal geimpft und müssen dann etwa mit zwölf Wochen nach Impfplan nachgeimpft werden. Bei älteren Hunden genügt eine ein- bis zweimalige Grundimmunisierung.

Der einmal gebildete Impfschutz baut sich im Laufe der Zeit ab. Kommt der Hund mit entsprechendem Seuchenerregern in Berührung, so wird die Antikörperbildung aufgefrischt. Ist der Impfschutz aber bereits zu stark abgesunken, kann der Hund erkranken. Deshalb sind Auffrischungsimpfungen im Abstand von ein bis zwei Jahren erforderlich.

Vor jeder Impfung ist eine Wurmkur empfehlenswert. Ein sicherer Impfschutz des Hundes ist auch für den Menschen wichtig. Erkrankte Hunde können Leptospiren übertragen, die beim Menschen das „Canicola-Fieber“ oder die „Weilsche Krankheit“ hervorrufen. Hundetollwut ist wegen des engen Kontaktes für Menschen viel gefährlicher als Wildtollwut. Geimpfte Hunde übertragen keine Tollwut.

Nach Kontakt mit verdächtigem Wild brauchen sie deshalb auch nicht getötet zu werden, wie dies für ungeimpfte Hunde gesetzlich vorgeschrieben ist. Schließlich können sie auf Auslandsreisen mitgenommen werden.

Gegen andere Infektionen schützt Vorsicht

Toxoplasmose wird durch einzellige Schmarotzer hervorgerufen. Ihr Stammwirt ist die Katze. Bei anderen Tieren werden ansteckungsfähige Dauerformen gebildet. Hunde erkranken überwiegend durch infiziertes Schweinefleisch. Für die Ansteckung des Menschen wurden sie früher zu Unrecht verantwortlich gemacht.

Aujeszkysche Krankheit wird ebenfalls durch Schweinefleisch übertragen. Unstillbarer Juckreiz, Unruhe, Ängstlichkeit und Speichelfluß haben gewisse Ähnlichkeit mit Tollwut. Die Krankheit wird daher auch „Pseudowut“ genannt. Schweinefleisch und in der Zusammensetzung unbekannte Fleischmischungen (zum Beispiel aus Supermärkten) müssen deshalb gut durchgekocht werden. Fertigfutter und Rindfleisch sind dagegen unbedenklich.

Zwingerhusten tritt vor allem in Tierheimen und Hundehandlungen auf. Unter begünstigenden Umständen lösen Viren und Bakterien gemeinsam Entzündungen von Luftröhre und Bronchien aus. Kennzeichnend ist ein kurzer, trockener Husten. Sekundärinfektionen können den Krankheitsverlauf verschlimmern. Ein Impfschutz ist nach neuesten Erkenntnissen möglich. Der Tierarzt wird Sie gern beraten. Einen gesunden Hund kauft man mit größter Wahrscheinlichkeit beim Züchter. Während des Urlaubs sollte man seinen Hund nicht in unbekannte Heime oder Pensionen geben oder ihn vorsorglich auch gegen Zwingerhusten impfen lassen.

Wurmkuren gegen unerwünschte Kostgänger

Spulwürmer können bei Junghunden zu Verdauungs- und Entwicklungsstörungen, zu Vergiftungserscheinungen und sogar zum Tod führen. Fast alle Welpen werden im Mutterleib mit Spulwürmern infiziert. Die ersten Wurmkuren soll schon der Züchter durchführen. Junghunde werden vierteljährlich entwurmt. Ältere Hunde beherbergen nur noch einzelne Würmer. Sie richten zwar keinen großen Schaden an, sind aber eine ständige Infektionsquelle. Hündinnen sollten sechs Wochen nach jeder Läufigkeit, Rüden zumindest einmal jährlich entwurmt werden. Bei festgestelltem Wurmbefall ist eine sofortige Entwurmung mit einer Wiederholungsbehandlung nach zwei bis drei Wochen erforderlich. Rohe Möhren garantieren keine Wurmfreiheit. Wirksame und verträgliche Mittel sind verschreibungspflichtig. Sie wirken auch gegen andere Rundwurmarten, zum Beispiel gegen Hakenwürmer.

Spulwürmer sind auf ihre Wirtstierarten spezialisiert; wenn der Mensch Hundespulwürmer aufnimmt, schlüpfen zwar Larven und beginnen ihre Wanderung im Körper, sie bleiben jedoch in Organen oder Muskeln stekken und können dort schmerzhafte Entzündungen verursachen. Besonders gefährdet sind „Krabbelkinder". Wurmkuren dienen daher auch dem Gesundheitsschutz der Familie. Auf Kinderspielplätzen haben Hunde nichts zu suchen.

Bandwürmer brauchen für ihre Entwicklung stets einen Zwischenwirt. Für den Hundebandwurm ist dies der Floh. Er nimmt Wurmeier auf, aus denen sich eine Finne entwickelt. Der Hund „knackt" den Floh – die Finne wächst im Hundedarm zum fertigen Bandwurm aus. Mit dem Kot erscheinen nach geraumer Zeit einzelne kürbisförmige, anfangs noch bewegliche Bandwurmglieder oder ein längeres, deutlich gegliedertes Wurmende. Es gibt neben speziellen Spulwurm- und Bandwurmmitteln auch Präparate, die gegen beide Parasitenformen wirksam und dabei gut verträglich sind. Empfehlenswert ist eine systematische vierteljährliche Wurmbehandlung des Hundes. Zur Bandwurmkur gehört stets eine Flohbehandlung von Hund und Lager.

Besonders bei Jagdhunden kann auch der „gesägte Bandwurm“ auftreten, dessen Zwischenwirte Hasen und Kaninchen sind. Andere Bandwurmarten, die durch Fisch oder Wild, Rinder- oder Schafeingeweide übertragen werden, kommen seltener vor. Dazu zählt der „dreigliedrige Bandwurm“, der als einziger auch dem Menschen gefährlich werden kann. Daher sollte der Hund zur Vorbeuge keine rohen „Konfiskat“-Innereien erhalten und daran gehindert werden, Kadaver von Wildtieren anzufressen.

Für Menschen besonders gefährlich ist der vor allem in einigen Gegenden Mittel- und Süddeutschlands verbreitete „Fuchsbandwurm“, der auch durch Hunde übertragen werden kann. Neben regelmäßigen Bandwurmkuren ist es die beste Vorbeuge, den Hund in Wald und Flur anzuleinen.

Kleine Hausapotheke für den Hund

Zur Pflege und zur Ersten Hilfe sollten Instrumente und Medikamente bereitgehalten werden. Sie sind kindersicher, kühl und trocken aufzubewahren. Wenn unser Hund zu Reisekrankheit neigt, unter Rheuma leidet oder häufiger bestimmte andere Wehwehchen hat, werden die tierärztlich verordneten Medikamente vorrätig gehalten, um auf bewährte Weise rasch helfen zu können. Vitamin- und Mineralstoffpräparate werden dort aufbewahrt, wo sie gebraucht werden: in der „Futterküche“.

Zehn Tips für den Besuch beim Tierarzt

1 Nach Möglichkeit sollte der Hund in der Praxis des Tierarztes vorgestellt werden. Dort kann eine Erkrankung besser erkannt und behandelt werden.
2 Bei Verdacht auf ansteckende Krankheiten lassen Sie sich aber vom Tierarzt einen Sondertermin geben oder bitten Sie ihn um einen Hausbesuch, um andere Hunde im Wartezimmer nicht anzustecken.
3 Mit einem unruhigen Hund wartet man besser im Auto, bis man an der Reihe ist.
4 Der Hund muß systematisch dazu erzogen werden, sich untersuchen zu lassen. Manipulationen an den Ohren, Öffnen des Fanges und Fiebermessen können geübt werden. Auf dem Untersuchungstisch muß

der Hund beruhigt werden. Dazu müssen Sie selbst ruhig bleiben, erforderlichenfalls aber auch energisch werden.

5 Der Hund kann nicht sprechen. Daher müssen Sie Krankheitserscheinungen und -dauer genau schildern. Das erleichtert dem Tierarzt die Diagnose.

6 Bei Verdauungsstörungen ist die Beschaffenheit des Kotes genau zu beschreiben. Es ist nicht verkehrt, eine Kotprobe, abgegangene Würmer oder Fremdkörper mitzunehmen.

7 Bei Verdacht auf innere Erkrankungen kann vorsorglich auch eine in einem sauberen Gefäß aufgefangene Harnprobe mitgenommen werden.

8 Bringen Sie auch den Impfpaß mit!

9 Notieren Sie die Behandlungsanweisungen; erfahrungsgemäß wird vieles durch die Aufregung beim Tierarztbesuch leicht vergessen oder verwechselt.

10 Denken Sie auch an den Stolz der Dame des Tierarzthauses: Verwehren Sie Ihrem Rüden das Beinheben an den Ziersträuchern im Vorgarten nach Verlassen der Praxis.

Ich möchte auch etwas sehen

Gefahren für die menschliche Gesundheit?

Impfungen und Wurmkuren schränken Ansteckungsgefahren ein. Hygiene tut ein übriges: Selbstverständlich hat der Hund sein eigenes Lager und Futtergeschirr; beides ist peinlich sauber. Rasen und Wege werden von Hundekot freigehalten. Der Hund wird so erzogen, daß er das Gesicht nicht ableckt. Das Belecken der Hände ist Ausdruck seiner Zuneigung. Man darf sie dulden, denn man kann sich die Hände anschließend waschen. Vorsichtige können Lager, Hütte und andere hygienegefährdete Stellen und Gegenstände regelmäßig desinfizieren. Die Mittel sollen gegen Viren, Bakterien und Pilze wirken. Zur Schnelldesinfektion eignet sich ein „Desinfektspray", der auch Ektoparasiten abtötet. Besonders angezeigt sind solche Maßnahmen, wenn der Hund eiternde Wunden, Ekzeme, Furunkel oder eine Vorhaut-, Zahnfleisch- oder Mandelentzündung hat. Diese Infektionen sind konsequent zu behandeln. Eitererreger können auch beim Menschen Komplikationen verursachen. Vorsicht ist stets bei schlecht heilenden oder sich ausbreitenden Ekzemen geboten: Räudemilben sind zwar auf Tierarten „spezialisiert", können jedoch auch beim Menschen juckende Hautrötungen verursachen.

Hautpilzinfektionen sind auf Menschen übertragbar. Daher sollte man umgehend eine Spezialuntersuchung und Behandlung veranlassen. Pilzinfektionen entstehen nur, wenn sich die Erreger länger als 12 bis 24 Stunden auf der menschlichen Haut einnisten können. Gründliches Waschen bannt die Gefahr. Zusätzliche Sicherheit bietet ein Handdesinfektionsmittel, das nach Berührung verdächtiger Stellen oder Ausscheidungen in die Hände eingerieben wird.

Allergien sind auch durch größte Sauberkeit nicht immer zu vermeiden. Einige Menschen reagieren bei Kontakt mit Tierhaaren und -hautteilen mit Ausschlägen oder Atembeschwerden. Katzen, Meerschweinchen und Vögel sind viel öfter als Hunde die Auslöser; viele andere pflanzliche und tierische Stoffe kommen hinzu. Die Allergieursache kann von einem Hautarzt durch Spezialtests auf der Haut ermittelt werden.

Auf Verdacht braucht also kein Hund abgeschafft zu werden. Und vor der Anschaffung eines Neufundländers brauchen auch gesundheitsbewußte Hundefreunde nicht zurückzuschrecken.

Der alternde Hund

Wir haben den jungen Hund beim Heranwachsen beobachtet und über seine tolpatschigen Sprünge gelacht. Der erwachsene, in voller Kraft stehende Hund hat uns begeistert, es wäre ungerecht, würden wir dem alten Hund kein Wort mehr widmen.

Auch er war einmal jung und schön, wir haben ihn voller Stolz auf Ausstellungen gezeigt, die bewundernden Blicke von Passanten auf der Straße beim Spaziergang gingen uns wie Honig ein. Ich glaube, wir sind in die Pflicht genommen, dem alten Hund den Dank zukommen zu lassen, den er sich durch ein Leben voll Liebe und Treue verdient hat. Welche Beziehungen zwischen Tier und Mensch bestehen, zeigt sich im Verhältnis zum alten Hund.

Das Erreichen eines hohen Alters hängt auch beim Hund, abgesehen von der „biologischen Uhr", in hohem Maße von einer gesunden Ernährung und artgerechten Haltung ab. Selten wird ein Neufundländer älter als 13 Jahre. Allgemein gilt die Faustregel: Sieben Menschenjahre = ein Hundejahr! Mit sieben, acht Jahren zeigen sich die ersten Anzeichen des Alterns. Die Stimme verliert an Klang, um den Fang herum wird das Haar weiß, der Hund ist im Laufen nicht mehr so schnell. Oft kommt beim einen oder anderen hinzu, daß die Sehkraft nachläßt. Das letztere ist jedoch für den Hund kein besonderes Unglück, sein schärfster Sinn, sein Geruchssinn, bleibt ihm in der Regel erhalten, und damit orientiert er sich sicher in seiner vertrauten Umgebung. Ausgedehnte Spaziergänge liebt er nicht mehr, doch auf den kleinen täglichen Kontrollgang im gewohnten Revier mag er nicht verzichten. Auftretende Schrulligkeiten sollten wir ertragen, er hat uns auch ein Leben lang ertragen, vielleicht war auch für ihn dies nicht immer leicht. Die Futtermenge sollte auf Grund der Bewegungsarmut entsprechend reduziert werden. Drängt ein draußen gehaltener Hund ins Haus, dann soll man ihm auch dort ein Lager geben, wo er ungestört ruhen kann. Im großen und ganzen stellt er ja keine besonderen Ansprüche mehr.

Wenn sich jedoch im fortschreitenden Alter schmerzhaftes Siechtum einstellt, dann lassen Sie ihn bitte nicht leiden, ersparen Sie ihm Schmerzen ohne Ende, nur weil Sie ihn so lieb haben und nicht auf ihn verzichten wollen.

Es ist sicherlich ein traurig stimmender Anblick, ein leeres Hundehaus oder-lager zu sehen. Irgendwo in einem Zwinger wartet ein stürmisches kleines Hundeherz, welches darauf brennt, Ihre Zuneigung zu erobern. Sicherlich wird er nicht gleich Ihrem Hund sein, doch schnell hilft der Kleine über den Abschiedsschmerz hinweg, da er Sie ganz für sich beansprucht, und ich bin sicher, es wird wieder ein Neufundländer sein.

Ich möchte diesen Abschnitt beschließen mit den Worten, die der englische Dichter Lord Byron seinem Freund auf das Grabmal im Park seines Schlosses in Newstead einmeißeln ließ:

An dieser Stelle
Ruhen die Gebeine von einem,
Welcher Schönheit besaß ohne Eitelkeit,
Stärke ohne Übermut,
Mut ohne Wildheit,
Und alle Tugenden des Menschen ohne seine Laster.
Dieses Lob – unpassende Schmeichelei,
Wäre es über menschliche Asche geschrieben –
Nur ein gerechter Tribut ist es für das Andenken
von Boatswain, einem Hunde,
Der geboren war auf Newfoundland, Mai 1803,
Und starb zu Newstead Abbey, 18. November 1808.

Anschriften, die Sie kennen sollten

Bundesrepublik Deutschland
Verband für das Deutsche
Hundewesen e. V. (VDH)
Westfalendamm 174
D-44141 Dortmund

Deutscher Neufundländer-Klub
Zuchtbuchstelle
Frau Inge Brüning
Beckmannweg 1
D-46286 Dorsten

Verein von Neufundländer-
Freunden und Züchtern in
Deutschland e. V.
Geschäftsstelle:
Rendsburger Straße 21
D-24340 Eckernförde

Dänemark
Dänischer Neufundländer-Klub
Sekretariat: Uffe Sondergaard
Sindinggaardvej 7
DK-7400 Herning

Italien
Club Italiano del Terranova
Presidente: Emma Bruno
Viale Silvio Amico 18
I-17025 Loano (Savona)

Niederlande
Niederländischer Neufundländer-
Klub
Sekretariat: R. Elsbeeth
Schapendrift 10
NL-9471 KG Zuidlaren

Österreich
Österreichischer Neufundländer-
Klub
Sekretariat: Monika Erber
Liniengasse 12
A-1060 Wien

Schweiz
Schweizerischer Neufundländer-
Klub
Sekretariat: Edith Rüesch
Chalet Büelberg
CH-9202 Gossau

Weiterführende Literatur aus dem Verlag Paul Parey, Hamburg

BEYERSDORF, P., 1993:
Dein Hund auf Ausstellungen.
2. Auflage.

BURTZIK, P., 1991:
Dienst- und Gebrauchshunde.
3. Auflage.

BURTZIK, P., 1993:
Erziehung und Ausbildung des Hundes. 4. Auflage.

FIEDELMEIER, L., 1983:
Kauf, Pflege und Fütterung des Hundes. 3. Auflage.

KOBER, U., PEPER, W., 1995:
Pareys Hundebuch. 2. Auflage.

POORTVLIET, R., 1987:
Mein Hundebuch. 2. Auflage.

QUEDNAU, F., 1987:
Rechtskunde für Hundehalter.

RAISER, H., 1981:
Der Schutzhund. 2. Auflage.

SCHLAG., M., 1987:
Schutzhundprüfung.

WEIDT, H., 1993:
Der Hund, mit dem wir leben: Verhalten und Wesen. 2. Auflage.

BERNINA sicher und zuverlässig hat alles für Ihren Hund

Umweltfreundliche Sprays
ohne Treibgas

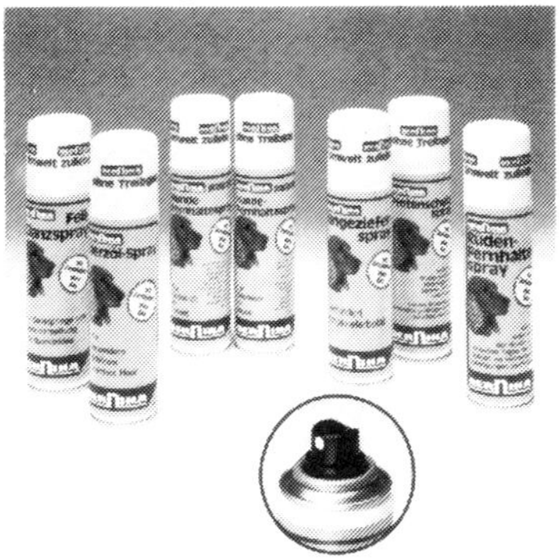

Dog-fish
mit lebenswichtigem
Eiweiß -
nicht fettbildend

Zur guten Pflege

Fell-Entfilzungskamm

Profi-
Entwirrungskamm mit
rotierenden Zähnen

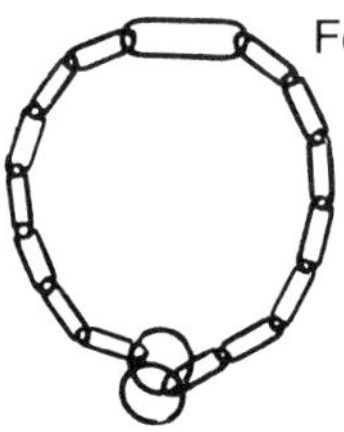

Gesundheitswürger
vernickelt
mit Langglied

Lederwaren aus eigener
Herstellung für alle
Hunderassen

Erhältlich in guten Fachgeschäften. Nachweis durch:
Wilh. Naumann GmbH · Am großen Teich 12 · 58640 Iserlohn

BERNINA

Bildnachweis

Titelbild
Rolf Hinz, Wedel

Seiten 2, 35, 44
Wolfgang Mörsch, Pulheim

Seiten 41, 62
Helga Ziesemer, Lünzen

Seite 43
Elke Vidalis, Thessaloniki, Griechenland

Seiten 47, 80, 83
Roberto, Gronau

Seite 48
Peter Alexander Vidalis, Thessaloniki, Griechenland

Seite 51
Gärtner-Schimpf, Remagen

Seite 58
Ingeborg Dieckhoff, Büschergrund

Seite 59
Karola Ehrlich, Papenburg

Seite 65
Hans Heinrich Vögele, Emmendingen

Seite 69
Johanna Bombe, Saulgau/Lampertsweiler

Seite 77
Ralf Berlejung, Ludwigshafen

Seite 91
Urs Schaad, Uetendorf, Schweiz

Die übrigen Abbildungen stammen vom Autor.

HUNDE

Eine spannende Entdeckungsreise in die Welt der Hunde

Mit diesem Buch ist der holländische Maler und Grafiker Rien Poortvliet zum erstenmal richtig »auf den Hund gekommen«. In Hunderten von farbigen Zeichnungen, Skizzen und Bildern zeigt er Hunde aller Rassen, Größen, Formen. Da balgen sich quirlige Jack-Russell-Terrier, da döst ein ergrauter Deutsch-Kurzhaar seinem Lebensabend entgegen, da stöbern Springer-Spaniel durch Buschwerk und Dornen, langhaarige Windhunde gibt es, zerbrechliche Chihuahuas und schneeweiße Polarhunde. In die brillante Galerie der großen Hundeporträts streut Poortvliet seine Geschichten und Anekdoten von Hunden und Menschen: der Hund und die Familie, der Hund im Umgang mit anderen Tieren, bei der Jagd, Erlebnisse bei der Hundeerziehung. Er erweist sich als exakter und einfühlsamer Beobachter, der mit meisterhafter Leichtigkeit und einem guten Schuß Humor Gesehenes zu Papier bringt. ★ **Mein Hundebuch.** 2. Auflage. 1987. 232 Seiten mit mehr als 750 zumeist farbigen Zeichnungen. Format 28 x 22 cm. Gebunden 64,– DM

Zu beziehen durch jede Buchhandlung. Preisstand: September 1995. Spätere Änderungen vorbehalten.

Verlag Paul Parey Hamburg

HUNDE

Ulrich Kober/Wilfried Peper
Pareys Hundebuch
Ein Leitfaden für die zeitgemäße Hundehaltung. 2., überarbeitete und ergänzte Auflage. 1995. 271 Seiten mit 252 Abbildungen, davon 210 farbig. Gebunden 58,– DM

Pareys Hundebuch läßt keine Frage offen. Rasseunabhängig werden alle Themen behandelt, die zu einer zeitgemäßen Hundehaltung gehören, von der Abstammung über Sinne, Verhalten, Erziehung, Ernährung bis zur Zucht. Mit mehr als 250 Abbildungen, davon ca. 170 Hunderassen der Welt in Farbe.

Heinz Weidt
Der Hund, mit dem wir leben: Verhalten und Wesen
2. Auflage. 1993. 231 Seiten mit 91 Abbildungen, davon 27 farbig. Gebunden 48,– DM

Die das Verhalten des Hundes unwiderruflich prägende und für das Verhältnis Mensch-Hund entscheidende Entwicklungsphase (bis zur 14. Lebenswoche) wird analysiert, beschrieben und mit Abbildungen dokumentiert. Selten wurden verhaltensbiologische Erkenntnisse über den Hund so verständlich und praxisnah vermittelt.

Peter Burtzik
Erziehung und Ausbildung des Hundes
Aus der Praxis – für die Praxis. Reihe »Dein Hund«. 4., neubearbeitete Auflage. 1993. 108 Seiten mit 40 Abbildungen, davon 6 farbig. Kartoniert 22,– DM

Leni Fiedelmeier
Kauf, Pflege und Fütterung des Hundes
3. Auflage, bearbeitet und ergänzt von Robert Dietz. 1983. 55 Seiten mit 25 Abbildungen, davon 22 Fotos. Kartoniert 14,80 DM

Wie kommt man zu einem Hund? Wie ernährt man einen Welpen, und wie macht man ihn folgsam? Auf diese und andere Fragen gibt das Buch Antwort.

Hans-Otto Schmidtke
Gesundheitsfibel für Hunde
Ein Ratgeber für Hundehalter. 2., völlig neubearbeitete Auflage. 1984. 56 Seiten mit 15 Abbildungen, davon 8 Fotos. Kartoniert 14,80 DM

Freimut Quednau
Rechtskunde für Hundehalter
1987. 201 Seiten. Kartoniert 22,– DM

Quednau stellt die mit der Hundehaltung verbundenen Rechtsfragen bezüglich Haltung und Haftung auch für juristische Laien leicht verständlich dar.

Peter Beyersdorf
Dein Hund auf Ausstellungen
Aus der Praxis – für die Praxis. Reihe »Dein Hund«. 2., überarbeitete Auflage. 1993. 118 Seiten mit 27 Abbildungen, davon 7 farbig. Kartoniert 22,– DM

Noch mehr Hundebücher? Den aktuellen Prospekt »Pareys Hundebücher« schicken wir Ihnen auf Anforderung gerne zu.

Zu beziehen durch jede Buchhandlung. Preisstand: September 1995. Spätere Änderungen vorbehalten.

Verlag Paul Parey Hamburg

PAUL PAREY

Heinrich Ippen
Neufundländer

VDH
Herausgegeben unter dem Patronat
des Verbandes für das Deutsche
Hundewesen e.V., Dortmund